房屋市政工程有限空间识别及施工安全作业指南(试行)宣传画册

U0730062

住房城乡建设部工程质量安全监管司　主编

中国建筑工业出版社

图书在版编目（CIP）数据

房屋市政工程有限空间识别及施工安全作业指南
（试行）宣传画册 / 住房城乡建设部工程质量安全监管司
主编 . -- 北京：中国建筑工业出版社，2025. 7.
ISBN 978-7-112-31358-7

Ⅰ. TU990.05-64

中国国家版本馆 CIP 数据核字第 2025GH3523 号

责任编辑：张　磊　高　悦
责任校对：芦欣甜

房屋市政工程有限空间识别及施工安全作业指南（试行）宣传画册
住房城乡建设部工程质量安全监管司　主编

*

中国建筑工业出版社出版、发行（北京海淀三里河路9号）
各地新华书店、建筑书店经销
北京光大印艺文化发展有限公司制版
北京京华铭诚工贸有限公司印刷厂印刷

*

开本：850毫米×1168毫米　横1/32　印张：4⅝　字数：138千字
2025年7月第一版　　2025年7月第一次印刷
定价：**40.00**元
ISBN　978-7-112-31358-7
（45399）

本书编委会

主编单位：住房城乡建设部工程质量安全监管司

参编单位：青岛市住房和城乡建设局

青岛市市政公用工程质量安全监督站

中国中铁股份有限公司

中铁（上海）投资集团有限公司

参编人员：杨海英　赵　磊　王保岚　丁树更　张海波　张连栋　高永冬

骆少林　牟晓斐　崔　峰　王明军　黄　达　蒋亚星　周大伟

胡　航　马　琳　邵腾龙　王洪志　陈理平　韩光明　冯慧君

董佳沫　于　伟　胡云飞　范　毅　张　涛　罗　文

目 录

房屋市政工程有限空间识别及施工安全作业指南（试行）

房屋市政工程有限空间识别及施工安全作业指南（试行）

本指南主编单位： 住房城乡建设部工程质量安全监管司、中国建筑股份有限公司。

本指南参编单位： 中建三局集团有限公司、中建三局绿色产业投资有限公司、湖北省建设工程质量安全监督总站、杭州市建设工程质量安全监督总站、北京科尔康安全设备制造有限公司。

本指南主要起草人员： 杨海英　赵　磊　姜　华　赵　军　闵红平　杨碧华　史文杰
倪秋鸿　黄红兵　张　巍　马岩辉　蒋亚星　周大伟　郭　陆
蔡　济　刘　萌　杨宋博　张　庆　张功嗣　杜承伟　危　帅
王书全　任　超

1 总则与基本规定

1.1 编制目的

1.1.1 为加强房屋市政工程有限空间作业安全管理，保障施工作业的安全，依据《中华人民共和国安全生产法》、《建设工程安全生产管理条例》等法律法规，参考《工作场所防止职业中毒卫生工程防护措施规范》、《作业场所环境气体检测报警仪器 通用技术要求》等标准规范和文件，制定本指南。

1.2 适用范围

1.2.1 本指南适用于房屋市政工程施工现场有限空间作业安全管理。

1.2.2 房屋市政工程有限空间作业的安全管理，除应执行本指南外，尚应符合国家现行有关法规和标准的规定。

1.3 术语

1.3.1 有限空间

指封闭或部分封闭，人员可以进入或探入，但进出或活动受限，通风不良，易造成有毒有害、易燃易爆物质积聚或氧气含量不足的空间。

1.3.2 有限空间作业

人员进入或探入有限空间实施的作业活动。

1.3.3 危险有害因素

可对人造成伤亡、影响人的身体健康甚至导致疾病的因素。

1.3.4 作业人员

进入有限空间内实施作业的人员。

1.3.5 监护人员

对有限空间作业进行安全监护的专职班组人员。

1.3.6 监督人员

对有限空间作业和监护的规范性进行现场监督的专职安全生产管理人员。

1.3.7 气体检测报警仪

用于检测和报警工作场所空气中氧气、可燃气和有毒有害气体浓度或含量的仪器，由探测器和报警控制器组成，当气体含量达到仪器设置的条件时可发出声光报警信号。常用的有泵吸式和扩散式气体检测报警仪。

1.4 基本规定

1.4.1 建设单位应提供有限空间作业周边环境调查及水文地质相关资料，并加强有限空间作业安全管理，每周至少组织 1 次安全生产检查。

1.4.2 勘察单位应在工程地质勘察报告中，对地质中存在或可能存在的有毒有害、易燃易爆气体或液体及相关管道等情况予以说明和提示，建设单位及时委托专项检测。

1.4.3 设计单位应系统辨识工程中可能形成有限空间的区域，优化设计方案，消除或减少人员进入有限空间作业。应在设计交底中明确有限空间结构的用途和施工安全措施。

1.4.4 施工单位应对有限空间作业场景进行辨识和标识，编制施工方案，配置安全装备，开展教育培训，履行作业审批，落实"先通风、再检测、后作业、有监护"原则，组织监督检查与应急救援演练。

1.4.5 监理单位应对有限空间作业开展巡视，及时制止违章行为，发现隐患应当要求立即整改；情节严重的，应当要求施工单位暂停施工，并及时报告建设单位。施工单位拒不整改或者不停止施工的，监理单位应当及时报告建设单位和工程所在地住房城乡建设主管部门。

1.4.6 鼓励运用信息化和智能化等技术手段，提升安全管理水平。可采用以下措施：

1 在有限空间作业场所安装门禁、电子围栏、电子锁等设施，实现封闭式管理。

2 在有限空间作业场所安装声光报警和语音提醒装置。

3 在有限空间作业场所安装视频监控，监控作业人员和作业面。

4 在高频作业的有限空间场所安装固定式气体检测报警仪、自动通风、一键求救报警等装置。

5 运用数字孪生、VR 等前沿应用，模拟作业流程与应急救援场景，为安全生产培训与实战演练提供支持。

1.4.7 鼓励推行"机械化换人、自动化减人"策略，优先采用功能性机器人等先进技术替代人工进行有限空间作业、搜索与救援。

2 有限空间识别与方案

2.1 场景判定

2.1.1 有限空间作业场景的判定，应同时满足 3 个物理条件和至少 1 个危险特征。

同时满足 3 个物理条件：

1 封闭或部分封闭的空间，且通风不良。

2 空间内有人员进出的需求和可能。

3 进出口或空间内活动存在限制。

至少存在 1 个危险特征：

1 存在或可能出现氧气含量不足。

2 存在或可能出现有毒有害气体。

3 存在或可能出现易燃易爆物质。

2.1.2 房屋市政工程可能存在的有限空间作业场景示例，参见附录 1。

2.2 危险有害因素辨识

2.2.1 施工单位应在开工前对有限空间作业进行危险有害因素辨识，依据包括：

1 周围环境。

2 工程地质勘察文件。

3 设计文件。

4 施工工艺、作业方法、机械设备。

5 现行国家和行业标准。

2.2.2 施工单位应辨识有限空间内部已存在，或作业导致，或受外部环境影响产生的造成窒息、中毒、爆炸的物质。

1 窒息。主要由通风不良、化学反应耗氧或窒息性气体造成缺氧。如动火作业、使用燃油发电机、钢材锈蚀等造成氧气消耗；存在二氧化碳、甲烷、氩气、氮气等窒息性气体排挤氧气空间。氧气含量（体积分数）应在 19.5%~23.5%，缺氧会导致头晕、失去意识，严重时可能引发窒息死亡。

2 中毒。主要由有毒有害气体引起。如内部残留、外部泄漏、生物发酵或化学反应产生硫化氢、一氧化碳、苯、甲苯、二甲苯、氨等。有毒有害气体可能导致呼吸困难、头痛、恶心甚至致命中毒。部分有毒有害气体的报警值，参见附录2。

3 爆炸。主要由可燃气体、蒸气或粉尘引起。如甲烷、氢气、一氧化碳、氨气、溶剂汽油和易燃粉尘在特定浓度下遇到火源、静电或高温会引发爆炸。可燃气体浓度应低于爆炸下限的10%。

2.2.3 施工单位应辨识有限空间内火灾、淹溺、坍塌、触电、物体打击、灼烫等其他风险，并制定对应管控措施。

1 火灾。有限空间内动火可能引燃易燃材料，产生的高温、烟雾和有毒气体会迅速积聚，难以扩散，对作业人员构成极大威胁，可能导致中毒和窒息事故。

2 淹溺。强降雨、渗漏水等情况引发有限空间内水位快速上涨，可能导致作业人员淹溺；或作业空间内部存在积水、淤泥，作业人员因窒息或中毒后晕倒在水中导致淹溺。

3 坍塌。有限空间内的土壤、岩石或结构可能因长期受力、侵蚀或外部环境影响而变得不稳定，或有限空间围护结构本身存在缺陷，导致坍塌，人员因行动受限无法规避和逃离而导致伤亡。

4 触电。老化或破损的线路、未绝缘的电气设备、潮湿环境、金属导电的有限空间场景等因素可能导致触电。

5 物体打击。有限空间内若存在交叉作业，可能由于工器具坠落或弹出，而导致物体打击伤害。

6 灼烫。有限空间内动火，以及作业期间可能存在燃烧体、高温物体、化学品（强酸、强碱等腐蚀性物质）、强光等因素，造成作业人员烧伤、烫伤和灼伤。

2.2.4 施工单位应根据辨识情况，建立有限空间作业管理台账。台账应包含作业部位、作业内容、主要危险有害因素、施工计划和作业班组等基本情况，并根据施工情况及时更新。台账参考样式见附录3。

2.2.5 有限空间作业存在以下情况的，应重新辨识危险有害因素，并同步更新有限空间作业管理台账：

1 作业部位发生较大变化的。

2 施工工艺、材料、设施设备等发生变化的。

3 水位、通风、气温等作业环境发生较大变化的。

2.3 警示标识

2.3.1 施工单位应对辨识出的有限空间作业场所

进行有效防护，在醒目处设置有限空间警示标识，在有限空间作业出入口设置危险有害因素告知牌。告知牌参考样式见附录 4。

2.3.2 施工单位应定期巡检有限空间作业场所，及时维护防护设施和警示标识。

2.4 施工方案

2.4.1 施工单位应在有限空间识别后，及时编制有限空间作业专项施工方案或在所涉及的分部分项工程施工方案中专篇制定有限空间作业安全技术措施。主要内容应包括：

1 有限空间作业概况。

2 施工计划与施工工艺。

3 个体防护、通风、检测、通讯和照明等装备型号和配备数量。

4 作业人员、监护人员、监督人员及应急救援人员配备和职责。

5 应急救援装备的配备和使用方法、应急处置措施。

2.4.2 有限空间作业实施前，项目技术负责人或方案编制人员，应向施工单位现场管理人员进行方案交底。施工单位现场管理人员应向作业人员、监护人员进行安全技术交底。交底人与被交底人应签字确认，作业人员更换时，应重新组织相应交底。

3 安全装备

3.1 通用要求

3.1.1 施工单位应配备满足有限空间作业需求的个体防护、通风、检测、通讯和照明等装备，质量符合相应的国家标准或行业标准。

3.1.2 有限空间存在爆炸风险的，应配备符合GB/T

3836.1 规定的防爆型电气设备。

3.1.3 施工单位应做好安全装备的维护、保养、检定和更换等工作。

3.2 个体防护装备

3.2.1 应按照 GB 39800.1 等规范要求，为作业人员配置头部、手部、足部、呼吸防护用具及防护服装等个体防护装备，并满足以下要求：

    1　易燃易爆环境，应配置防静电服、防静电手套、防静电鞋。

    2　涉水作业环境，应配置防水服、防水胶鞋。

    3　可能接触化学品和颗粒物的场所，应配置化学防护服和呼吸器。

3.2.2　作业人员应穿戴符合 GB 20653 规定的高可视警示服，佩戴符合 GB 6095 规定的全身式安全带和符合 GB 2811 规定的安全帽。

3.2.3　作业人员进入有限空间，应根据作业环境，佩戴符合 GB 24543 规定的安全绳，安全绳应固定在有限空间外可靠的挂点上，挂点装置应符合 GB 30862 的规定。

3.2.4　应按照 GB/T 18664 的规定选择呼吸防护用品，并满足以下要求：

    1　经通风，气体检测结果合格，且作业过程中氧气和有毒有害气体、蒸气浓度值保持稳定的，作业人员宜携带符合 GB 38451 规定的自给开路式压缩空气逃生呼吸器，或携带符合 GB 24502 规定的煤矿用自救器作为个人逃生装备。

    2　经通风，气体检测结果合格，但作业过程中可能发生氧含量异常变化，或有毒有害气体、蒸气浓度值突然上升的，作业人员应佩戴符合 GB 6220 规定的连续供气式长管呼吸器。

    3　经通风，气体检测结果仍不合格的，不得进入有限空间内作业。确需作业的，作业人员必须佩戴隔绝式正压呼吸防护用品。

3.2.5　作业人员佩戴连续供气式长管呼吸器进入有限空间作业的，应配置备用空气压缩机或备用电源，专职监护人员应看护送气设备，防范气管挤压、破损、脱落、气压异常，保障气体输送通畅。

3.2.6　不宜使用自吸过滤式防毒面具。确需使用的，应符合 GB 2890 规定，并满足以下条件：

    1　有限空间内氧气浓度满足要求。

    2　防毒面具过滤件类型适配有限空间内的有毒有害气体，且过滤性能、防护时间满足要求。

    3　有限空间内有毒有害气体浓度可能达到的最大

值不高于 GBZ 2.1 职业接触限值的 10 倍。

3.3 通风装备

3.3.1 有限空间内进行局部通风，宜采用压入式通风方式。通风装备应配置风管，风管长度应能确保新鲜空气送入有限空间作业区域。

3.3.2 通风装备的换气量应满足稀释有毒有害气体需要量，新风量应不低于每人 30m³/h，换气次数应不少于 12 次/h。

3.3.3 通风装备应安装在有限空间外侧，风管应顺直避免急弯，外部漏风率不得超过 5%。

3.3.4 以下有限空间状况，应按照 GBZ/T 194 的有关规定对通风措施进行计算和复核。

1 通风管的送排风口距离作业面的垂直深度超过 10m 或水平长度超过 20m，只有一个洞口，不能形成有效通风通道的。

2 可能突然产生大量有毒有害物质或存在持续的有毒有害气体逸出，发生事故风险较大的。

3 有限空间环境限制，造成作业范围内风量损失较大的。

3.4 检测装备

3.4.1 气体检测报警仪应符合 GB 12358 的规定，施工现场选择和配备应满足以下要求，至少能检测硫化氢、一氧化碳、可燃气体和氧气。选用参考标准见表 1。

1 作业人员需经常进入的有限空间场所，应设置固定式气体检测报警仪，鼓励安装具备物联网功能的气体检测报警仪，实现有毒有害气体远程监控。

2 在有限空间外部进行气体检测的，宜使用泵吸式气体检测报警仪。

3 作业人员进入有限空间作业时，必须佩戴扩散式气体检测报警仪。

3.4.2 气体检测报警仪对常见气体的检测原理、响应时间、最大量程、检测精度和报警值等应满足工作要求，基本参数见表 2。

气体检测报警仪选用参考标准

表 1

分类		选用标准说明	分类		选用标准说明
按检测气体种类	四合一气体	必须配备，通常检测硫化氢、一氧化碳、可燃气体和氧气浓度	按使用场所分类	非防爆型	不存在易燃、易爆气体的场所
	其他气体	可能存在其他有毒有害气体，应配备该类有毒有害气体检测报警仪		防爆型	存在易燃、易爆气体的场所
按采样方式分类	扩散式	在有限空间内部进行气体检测的；进入有限空间的作业人员使用	按使用方式分类	固定式	需经常进入的有限空间场所
	泵吸式	在有限空间外部进行气体检测的		便携式	临时进入的有限空间场所

气体检测报警仪基本参数

表 2

检测气体	检测原理	响应时间		最大量程	示值误差	报警值（20℃）
		扩散式	泵吸式			
氧 /O₂	电化学	≤ 60s	≤ 30s	0 ～ 25%VOL	±2%FS	<19.5%VOL(缺氧)>23.5%VOL（富氧）
硫化氢 /H₂S	电化学、半导体	≤ 60s	≤ 60s	0 ～ 100ppm	±5%FS	7ppm（10mg/m³）
一氧化碳 /CO	电化学、点式红外气体探测	≤ 60s	≤ 30s	0 ～ 500ppm	±5%FS	25ppm（30mg/m³）

检测气体	检测原理	响应时间		最大量程	示值误差	报警值（20℃）
		扩散式	泵吸式			
可燃气体	催化燃烧、点式红外气体探测	≤ 60s	≤ 30s	0 ～ 100%LEL	± 5%FS	10%LEL
氨气 /NH₃	电化学、半导体	≤ 180s	≤ 120s	0 ～ 100ppm	± 5%FS	42ppm（30mg/m³）
苯 /C₆H₆	光致电离	≤ 60s	≤ 60s	0 ～ 1000ppm	± 5%FS	3ppm（10mg/m³）

注：1. 泵吸式仪器响应时间不含额外扩展的采气管采气时间。

  2. FS 表示仪器满量程。

3.4.3　泵吸式气体检测报警仪应具备气路故障报警功能，采气管长度一般不宜超过 15m，在最大采气距离和流量条件下，通过采气管的采气时间不应大于 30s。

3.4.4　气体检测报警仪应有清晰、耐久的产品标志和相关合格证。包括产品名称、产品型号、产品主要技术参数（适用气体种类、测量范围、检出下限、报警设定值、工作温度范围等）、制造日期、使用年限、计量器具式型批准证书标志（CPA）和编号、产品校准合格证等。有防爆需求的，气体检测报警仪还应具备防爆

标志和编号、防爆合格证。

3.4.5　气体检测报警仪发生碰撞、进水等异常情况，可能造成仪器测量不精确时，应对仪器进行通气检测，检测合格后方可使用。

3.4.6　气体检测报警仪的校准周期应不大于 1 年（使用说明书有要求的按其要求），定期检验周期应不超过 3 年。

3.5　其他作业装备

3.5.1　作业人员和监护人应配备对讲机等通讯装

备，便于现场沟通。若通讯信号被屏蔽而无法使用无线通讯方式的，应根据实际情况和作业特点，采取其他有效的通讯方案，保障作业人员和监护人实时沟通。

3.5.2 有限空间内应选用由安全隔离变压器供电的Ⅲ类手持电动工具，其开关箱和安全隔离变压器均应设置在有限空间之外便于操作的地方。开关箱中剩余电流动作保护器的额定剩余动作电流不应大于30mA，额定剩余电流动作时间不应大于0.1s。潮湿或有腐蚀介质场所的剩余电流动作保护器应采用防溅型产品，其额定剩余动作电流不应大于15mA，额定剩余电流动作时间不应大于0.1s。

3.5.3 有限空间内使用的照明灯具额定电压不应超过36V。进入金属结构有限空间作业时，照明灯具额定电压不应超过24V。在积水、结露等潮湿环境的有限空间作业时，照明灯具额定电压不应超过12V。

4 现场安全管理要求

4.1 作业原则

4.1.1 有限空间作业应严格遵守"先通风、再检测、后作业、有监护"的原则。

4.2 教育培训

4.2.1 施工单位应将有限空间安全知识纳入房屋市政工程人员入场通识教育，内容涵盖有限空间常见场景、事故风险、作业原则、严禁盲目施救等基本安全要求。

4.2.2 存在有限空间作业的，施工单位应建立培训制度，涵盖有限空间作业培训对象、培训计划、培训内容、培训档案管理等内容。

4.2.3 存在有限空间作业的，施工单位应对有限空间现场作业人员、监护人员、管理人员和应急救援人员等进行有限空间作业专项培训。

4.2.4 有限空间作业专项培训应采取岗前培训和

定期轮训相结合。

1 相关人员在上岗前必须经过有限空间作业专项培训并考核合格。

2 持续开展有限空间作业的，每季度应开展轮训并考核合格。

3 在施工条件发生较大变化或采用新技术、新工艺、新设备、新材料时，必须重新开展培训并考核合格。

4.2.5 有限空间作业专项培训内容应包括：

1 有限空间作业事故案例。

2 有限空间作业安全相关法规和标准。

3 有限空间作业安全操作规程。

4 有限空间作业场景及其危险有害因素和安全防范措施。

5 个体防护、通风、检测、通讯、照明和应急救援装备的正确使用方法。

6 应急处置措施。

4.2.6 施工单位应向有限空间作业专项培训考核合格的人员，发放可视化标识。作业人员和监护人员持标识上岗，标识应在定期轮训时更新。标识参考样式见

附录 5。

4.2.7 施工单位应如实记录有限空间作业专项培训参加人员、培训时间、考核结果等情况，并保存至工程竣工。

4.3 作业审批

4.3.1 有限空间作业必须执行作业前审批制度，施工单位签发作业票，作业班组方可开展有限空间作业。

4.3.2 有限空间作业票应包括有限空间作业基本信息（作业班组、地点、人员、时间等），核查信息（人员培训、通风、检测、应急等），签字审批（申请、审批、完工确认）。作业票参考样式见附录 6。

4.3.3 有限空间作业票应由作业班组现场负责人申请，由施工单位现场管理人员核准确认。作业票一式两份，作业班组持票现场公示，施工单位持票保存一年。

4.3.4 有限空间场景内存在动火作业等其他危险作业的，应同时办理相应作业审批。

4.3.5 有限空间作业票有效时间为当班作业结束时间，且最长不得超过 12h。当发生下列情形之一时，应重新办理作业票：

1 超出作业审批时间。

2 作业部位变化或作业范围扩大。

3 作业人员与监护人员发生变化。

4 作业内容或施工工艺发生变化。

5 作业环境条件发生较大变化。

4.3.6 当次作业结束后，施工单位现场管理人员应在作业票上进行完工确认签字。

4.4 隔离、清理与加固

4.4.1 作业前，应对有限空间内、外部环境进行评估，对周边存在危害的物质，应采取隔离、清理与加固等措施，施工单位签发作业票时应进行措施核查。

4.4.2 存在易燃易爆、有毒有害物质的环境，应与作业地点和作业面隔离，要求如下：

1 与有限空间连通的可能危及安全作业的管道，可采用充气橡胶气囊、砌筑封堵墙、关闭阀门、插入盲板或拆除一段管道等方式进行隔离。长期作业时不应采用水封或关闭阀门代替盲板隔断措施。

2 与有限空间连通的可能危及安全作业的孔、洞等应进行严密的封堵。

3 有限空间内的用电设备应停止运行并有效切断电源，在电源开关处上锁并加挂警示标识。

4 减少和隔离有限空间内部及周边的可燃物堆积。非动火作业，严禁作业人员携带明火或易燃物品进入有限空间。

4.4.3 管渠封堵前应调查水流状况、上游水流来源及管网分布情况、作业井空间尺寸情况、工作段的水流量高峰和低谷时间等信息，并与产权单位、管理单位协商，确定隔离封堵方案。

4.4.4 管渠封堵应先封堵上游，再封堵下游。拆除封堵时，则应遵循先拆低水位差的封堵，再拆高水位差的封堵。

4.4.5 采用充气橡胶气囊封堵管道时，应满足下列要求：

1 选用的气囊及配件应具有出厂合格证或出厂材质合格检验报告。作业前对气囊进行外观检查和气密性检测，清理管道内壁毛刺和尖锐物体，充气压力不得超过气囊的允许工作压力。

2 使用期间气囊压力表应连接到有限空间外部，

并有专人全程监测，发现低于产品技术说明的气压时应及时补气。当气压骤降时，应立即停止作业，撤离工作人员，查明原因检查气囊漏气情况。

3 拆除气囊前应做好防滑动支撑措施。拆除时应缓慢放气，并在下游安放拦截设备。放气时，人员不得在井内停留。

4.4.6 采用砌筑墙体封堵管渠时，应满足下列要求：

1 管渠内砌筑墙体封拆涉及水下作业的，应编制专项施工方案。在方案中明确砌筑封堵的尺寸和施工工艺并进行受力验算。

2 砌筑封堵施工时，应确保材料质量合格，砌筑高度、宽度、垂直度和斜撑形式应满足方案要求。在流水的管渠中封堵时，宜在墙体中预留孔洞或导流短管维持流水，待墙体达到使用强度后再行封堵。

3 拆除砌筑封堵前，应先拆除预留孔洞或导流短管的封堵，放水降低上游水位，放水过程中人员不得在井内停留。待墙体两侧水位平衡后方可正式拆除。

4.4.7 作业前应清理出入口和有限空间内的杂物，

保持通道和作业活动畅通。有限空间内水位大于 0.3m 时，应进行抽水作业，存在淤泥的，应进行清淤作业。

4.4.8 作业前对可能存在坍塌风险的有限空间，采取加固措施，验收合格后再作业。

4.4.9 进行隔离、抽水、清淤、加固等作业，确需进入有限空间内部时，应按照有限空间作业流程开展。

4.5 通风

4.5.1 作业前，必须采取通风措施，且保持空气流通 30min 以上。

4.5.2 采用自然通风时，应充分利用上下游井口、人孔等孔洞，促进空气流动。

4.5.3 对存在人员坠落风险的井口、洞口，作业时可使用透气式格栅盖板进行通风。

4.5.4 有限空间作业存在以下情形之一的，应全程采取机械强制通风措施：

1 作业场景只有 1 个出入口，自然通风条件差的。

2 采用自然通风后气体检测仍不合格，或经施工扰动气体浓度、成分可能变化的。

3 实施清淤、涂装、防腐、防水、动火等作业，可能产生有毒有害气体或造成缺氧的。

4.5.5 采用机械强制通风时，应满足以下要求：

1 作业环境存在爆炸危险的，应使用防爆型通风装备。

2 应保证有限空间内全程通风，且通风换气量满足3.3.2要求。

3 通风装备应处在有限空间外的上风侧送风，下风侧排风。送风不得使用纯氧，排风口应设置在空气流通的地方，且不得布置在人员经常停留或通行的地点。

4 作业场景仅有1个出入口时，应将通风管口置于作业区域进行送风，可同步设置排风装备加强通风效果。

5 作业场景有2个及以上出入口、通风口时，应按照"近送远排"的通风要求，在邻近作业人员处进行送风，远离作业人员处进行排风。

6 可设置导流板，调整送风方向，防止出现通风死角。

4.6 检测

4.6.1 初次使用气体检测报警仪前，应按照气体浓度判定限值设置报警参数，并测试声、光以及振动报警系统，常见气体的检测报警值设置，参见3.4.2表2。

4.6.2 气体检测报警仪在使用前，外观检查合格后，在洁净空气下开机，确认"零点"正常后再进行检测；若数据异常，应更换仪器。

4.6.3 气体检测报警仪检测时停留时间，应大于仪器响应时间，一般不小于60s。

4.6.4 气体检测包含准入检测和过程检测，分别指进入有限空间作业前和作业过程中，对有限空间内的气体成分和浓度进行的检测活动。

4.6.5 准入检测和过程检测应优先使用泵吸式气体检测报警仪，可能存在爆炸风险的有限空间应采取防爆措施。

4.6.6 准入检测时，检测人员应在有限空间外的上风侧。有限空间内存在未清除的积水、积泥或物料残渣时，检测前，应充分搅动，使有毒有害气体充分释放。

4.6.7 准入检测应从出入口开始，按照人员进入有限空间的方向进行。垂直方向由上至下、水平方向由近至远。检测点的确定应满足以下要求：

1 垂直方向检测的，设置检测点数量不应少于3个，上、下检测点距离有限空间顶部和底部均不应超过1m，中间检测点均匀分布，检测点之间的距离不应超过8m。竖向距离不足2m的，应设置上、下2个点进行检测。

2 水平方向检测的，设置检测点数量不应少于2个，近端点距离有限空间出入口不应小于0.5m，远端点距离有限空间出入口不应小于2m。横向距离不足2m的，远端点应选取最远处进行检测。

4.6.8 有限空间作业过程中应全程进行气体检测:

1 作业人员应携带扩散式气体检测报警仪，并全程开启。

2 有限空间场所设有固定气体检测装备的，应全程开启。

3 监护人员应每隔30min如实记录一次过程检测结果。记录内容应包括检测位置、检测时间、检测气体种类和浓度等信息，参考样式见附录7。

4.6.9 有限空间内气体浓度接近或超过报警值的，应立即加强通风，加大检测频次。

4.6.10 有限空间内气体环境复杂，施工单位不

具备检测能力时，应委托具有相应检测能力的单位进行检测。

4.7 作业

4.7.1 开启出入口时，作业人员应处于有限空间外的上风侧，使用专用工具，严禁徒手开启。可能存在爆炸风险的有限空间，应提前采取气体置换、消除静电等防爆措施。

4.7.2 进、出有限空间前，应检查爬梯、踏步、安全梯等牢固性和安全性。

4.7.3 有限空间内作业人员不宜超过2人。如有超过2人的作业需求，应在施工方案中明确，同时加强通风、照明、防护等安全技术措施。

4.7.4 作业人员进入有限空间，应正确佩戴劳动防护用品，不得随意脱卸，正确使用通讯装置，作业过程与监护人员保持沟通。

4.7.5 有限空间作业应避免交叉作业，确需交叉作业的，应做好防护措施。

4.7.6 有限空间作业人员持续作业时间不宜超过2h，应通过轮换作业等方式，避免人员长时间在有限空

间内工作。

4.7.7 作业中断时间超过 30min，再次进入有限空间前，应当重新进行通风和检测，并确认合格后方可进入。

4.7.8 有限空间作业期间发生下列情况之一时，作业人员应立即撤离有限空间：

1 作业人员感到身体不适。

2 呼吸防护用品失效。

3 气体检测报警仪报警，或通风、检测、照明、通讯等装备失效。

4 监护人员或监督人员下达撤离命令。

5 其他可能危及作业人员生命安全的情况。

4.8 监护

4.8.1 作业班组应在有限空间外，配备专职监护人员，不得擅离职守。

4.8.2 监护人员可通过佩戴铭牌、袖标，服装标识等可视化方式表明专职身份。

4.8.3 监护人员的主要职责：

1 防止未经允许的人员进入作业区域。

2 观察天气和周围环境变化，保障通风效果、掌握气体检测数据、明确联络方式并与作业人员保持有效信息沟通。

3 监督作业人员全程佩戴个体防护装备。

4 作业结束后，清点人员、物资。

5 出现异常时，立即发出撤离命令，并协助撤离，制止盲目施救行为，及时向施工单位报告。

4.9 监管

4.9.1 施工单位应指定监督人员，对有限空间作业和监护的规范性进行监督管理。

4.9.2 监督人员的主要职责：

1 核查现场作业条件、作业票、作业人员与监护人员培训合格标识。

2 核查通风、检测、个体防护装备穿戴与应急救援装备配置情况。

3 对不符合安全作业条件的，严禁进入有限空间作业。

4 作业结束后检查是否有人员逗留，有限空间场所是否恢复或防护到位。

5　作业场所和过程发现异常，发出撤离警报，协助撤离，制止盲目施救行为，并按程序上报。

4.9.3　施工单位可根据有限空间场景和作业的实际情况制定检查表，开展日常管理。检查表参考样式见附录8。

4.10　结束

4.10.1　作业结束后，作业人员应将工器具等作业装备全部带离有限空间场所。

4.10.2　监护人员应清点人数、工器具、物料，确认有限空间内无人员，无设备、工器具、剩余物料遗留后，关闭出入口。

4.10.3　解除本次作业前采取的隔离等措施，恢复现场环境或防护措施。

5　应急管理

5.1　应急救援装备

5.1.1　施工单位应在有限空间作业现场便于取用的显著位置配置有限空间应急救援装备，并做好标识和使用说明，不得随意挪作他用。宜采用应急物资柜、物资车等方式配置应急救援装备。

5.1.2　应急救援装备包括正压式空气呼吸器、安全绳、全身式安全带、救援三脚架、速差自控器、应急照明、通讯装备、大功率通风装备、备用电源等。装备选用清单见附录9。

5.1.3　正压式空气呼吸器，应符合GB/T 16556的相关要求。呼吸器气瓶每3年检验1次，检验合格后方可使用。应定期检查呼吸器气瓶、面罩气密性情况和报警器完好情况。

5.1.4　自吸过滤式防毒面具、自给开路式压缩空气逃生呼吸器、煤矿用自救器等逃生型呼吸防护用品不应作为有限空间应急救援装备。

5.1.5　有限空间内存在腐蚀性化学品的，应配备化学防护服；有限空间内存在积水或可能产生积水的，应配备防水鞋、防水服。

5.1.6 有限空间为暗涵、暗渠等狭长空间时，宜配备简易平板车作为转移受困人员的运输工具。有限空间内积水较深时，宜配备充气筏进行受困人员转移。

5.1.7 应急救援装备的使用人员，应接受相应的培训，熟悉装备的用途、技术性能及有关使用说明，并遵守操作规程。

5.2 应急预案与演练

5.2.1 施工单位应根据危险有害因素辨识结果，制定有限空间作业事故专项应急预案或在施工方案中明确有限空间作业事故应急处置措施。

5.2.2 有限空间作业事故专项应急预案应明确应急组织机构和人员职责，应急响应流程，应急救援，处置措施和应急保障。

5.2.3 施工单位每半年至少组织 1 次有限空间作业事故专项应急预案演练或现场处置方案演练。演练结束后应对演练效果进行评估。

5.2.4 鼓励施工单位成立专职应急救援队伍，或与邻近的外部应急力量建立联动机制。

5.3 应急响应与救援

5.3.1 有限空间作业发生异常情况，应立即停止作业，第一时间启动应急预案。应急响应按照"立即报告，审慎评估，科学施救"的要求开展，严禁盲目施救。

5.3.2 发生异常情况，现场监护人员应第一时间采取措施加大有限空间内的通风量，监护人员或监督人员应立即向施工单位项目负责人报告。发生事故的，施工单位项目负责人接到报告后应当于 1 小时内向事故发生地县级以上人民政府安全生产监督管理部门和负有安全生产监督管理职责的有关部门报告。

5.3.3 实施救援前，施工单位应充分评估有限空间内有毒有害气体含量、积水深度、人员被困位置和被困人员个体防护装备佩戴等信息，制定合理的救援路径和救援措施。应优先选择协助受困人员自救，其次选择非进入式救援，均无法实施时应在保障救援人员安全的情况下选择进入式救援。

5.3.4 协助受困人员自救，应符合以下条件：

1 受困人员携带了自给开路式压缩空气逃生呼吸器或煤矿用自救器。

2 受困人员意识清醒，且具备行动能力。

5.3.5 实施非进入式救援，应符合以下条件：

1 受困人员佩戴了全身式安全带，且通过安全绳与有限空间外挂点可靠连接。

2 救援通道无阻碍，无较深积水等。

3 救援人员在有限空间外通过安全绳能够将受困人员转移出有限空间。

5.3.6 实施进入式救援，应符合以下条件：

1 经评估，不存在爆炸、坍塌等次生风险。

2 应急救援装备配备齐全，且救援人员能够熟练使用。

3 有限空间外部有专人协助、指挥。

5.3.7 实施进入式救援时，救援人员应与外部保持通信畅通，及时关注气瓶压力变化情况，当压力表低于（5.5±0.5）MPa或报警器报警时，应立即撤离。救援时长超过30min的，应组织人员轮换救援。

5.3.8 受困人员脱离有限空间后，应立即转移至通风良好处实施院前急救，对呼吸、心脏骤停者，立即进行心肺复苏。

5.3.9 救援结束后，清点人员、装备，清理现场残留的有毒有害物质，保护事故现场。

房屋市政工程可能存在的有限空间作业场景示例　　　　　　　　附录1

序号	施工类别	可能的有限空间作业场景	可能的作业活动	可能的危害因素（主要气体）	可能的事故类别
1	地基与基础工程	桩孔内	（1）人工挖孔桩作业 （2）爆破扩孔、绑扎探测管等需要人员进入桩孔的作业	（1）氧含量不足 （2）沼气（甲烷）、硫化氢等	窒息、中毒
		地下室外墙与基坑边坡形成的狭小空间（肥槽）	脚手架搭拆、模板拆除、防水、砌筑、清理作业	（1）氧含量不足 （2）硫化氢、苯类等有毒有害气体	窒息、中毒

序号	施工类别	可能的有限空间作业场景	可能的作业活动	可能的危害因素（主要气体）	可能的事故类别
2	主体结构工程	消防水池、汽车坡道下部三角区域、人防工程等通风不良的封闭半封闭空间	（1）拆模、剔凿、修补、防水、清理等作业 （2）巡查、测量、检测等活动	（1）氧含量不足 （2）硫化氢等有毒有害气体	窒息、中毒
		采用盖挖逆作法施工的地下室、地下车站等	（1）结构施工作业 （2）巡查、测量、检测等活动	氧含量不足	窒息
		封闭型钢结构内	焊接、气割、金属打磨作业	（1）氧含量不足 （2）二氧化碳、氩气等惰性气体	窒息
			涂装作业，防腐作业	苯类	中毒、爆炸
3	装饰装修工程	封闭半封闭空间	（1）环氧树脂地坪、油漆等涂装作业 （2）防腐、保温作业 （3）焊接、气割等明火作业	苯类、醛类等可燃、有毒有害气体	爆炸、火灾、中毒
4	机电工程	地下电缆夹层，吊顶夹层，电缆隧道，封闭的电缆沟槽	（1）敷设电缆，支架、管道焊接作业 （2）安装、调试、更换、维修作业	（1）氧含量不足 （2）焊接烟尘 （3）一氧化碳、氰化氢等有毒气体（电缆失火） （4）硫化氢、甲烷	窒息、中毒、火灾、爆炸

序号	施工类别	可能的有限空间作业场景	可能的作业活动	可能的危害因素（主要气体）	可能的事故类别
4	机电工程	冷库、制冰室、泵房等	（1）防腐、保温作业 （2）明火作业 （3）清理作业	（1）苯类、醛类等可燃、有毒有害气体 （2）硫化氢、甲烷	中毒、火灾、爆炸
		管沟、电梯井、管井、廊道等	（1）管道敷设，设备安装、调试，维修作业 （2）防腐、绝热、保温作业 （3）电焊，气割作业	（1）苯类、醛类等可燃、有毒有害气体 （2）氧含量不足 （3）焊接烟尘	中毒、窒息、火灾
		（1）水箱、冷藏箱、压力容器、储罐、锅炉等密闭设备内部 （2）可进人管道、烟道、风管等空间	（1）焊接、气割、金属打磨作业 （2）涂装、防腐、保温作业 （3）设备安装、调试、维修作业	（1）氧含量不足 （2）焊接烟尘 （3）二氧化碳、氩气等惰性气体	中毒、窒息、爆炸
5	市政管网、污水处理工程	（1）管道、箱涵、井室内 （2）污水池等污水处理设施内	（1）封堵作业，清淤、清理作业，结构修复作业，防水、防腐作业 （2）与已投用污水管道、箱涵、污水池进行连通、接驳作业 （3）设备安装、调试、维修作业 （4）巡查、测量、检测活动	沼气（甲烷）、硫化氢、氨气、氧含量不足	中毒、窒息、爆炸

序号	施工类别	可能的有限空间作业场景	可能的作业活动	可能的危害因素（主要气体）	可能的事故类别
6	地下暗挖工程	地下管道、隧道、竖井、洞室等空间内	（1）人工顶管作业 （2）进入管道、隧道、竖井内作业 （3）顶管机、盾构机开仓换刀、维修作业 （4）巡查、测量、检测等活动	（1）氧含量不足 （2）沼气（甲烷） （3）有毒有害、窒息性、易燃易爆物质（管道泄漏）	中毒、窒息、爆炸
7	桥梁工程	箱梁箱室内	（1）拆模、剔凿、修补、清理作业 （2）巡查、测量、检测等活动	氧含量不足	窒息
			焊接、气割、金属打磨作业	氧含量不足、二氧化碳、氩气等惰性气体	窒息
			涂装作业	苯类	中毒、爆炸
8	配套设施	场内封闭式垃圾站	清理作业	（1）氧含量不足 （2）沼气（甲烷） （3）硫化氢等有毒有害气体	窒息、爆炸、中毒

注：表中列举为可能存在的有限空间作业场景示例。实际情况各异，应按照本指南第 2.1.1 条方法进行具体判定。

部分有毒有害气体的报警值　　　　　　　　　　　　　　　附录2

气体名称	报警值		气体名称	报警值	
	20℃,ppm	mg/m³		20℃,ppm	mg/m³
硫化氢	7	10	二硫化碳	3.1	10
氯化氢	4.9	7.5	苯	1.8	6
氰化氢	0.8	1	甲苯	26	100
磷化氢	0.2	0.3	二甲苯	22	100
溴化氢	2.9	10	乙苯	34	150
一氧化碳	25	30	氨	42	30
一氧化氮	8	10	氯	0.3	1
二氧化碳	9830	18000	甲醛	0.4	0.5
二氧化氮	5.2	10	乙酸	8	20
二氧化硫	3.7	10	丙酮	186	450

有限空间作业台账示例　　　　　　　　　　　　　　　　　附录3

序号	作业部位	作业内容	主要危险有害因素	施工计划	作业班组	负责人及联系方式	完成情况

有限空间作业危险因素告知牌

警示标志	有限空间作业"七必须"

当心缺氧　　必须作业审批

当心中毒　　注意通风

当心爆炸　　必须气体检测

1. 必须培训合格后上岗
2. 必须执行作业审批制度
3. 必须执行"先通风、再检测、后作业、有监护"原则
4. 必须规范佩戴个体防护装备
5. 必须配置应急救援物资
6. 必须清点人员、物资
7. 异常情况必须立即撤离，严禁盲目施救

有毒有害气体及氧气浓度控制标准

硫化氢　　最高允许浓度：7ppm（10mg/m³）

一氧化碳　短时接触容许浓度：25ppm（30mg/m³）

可燃气体　　限值：10%LEL

氧含量　　允许范围：19.5%~23.5%VOL

应急联系电话：

危险因素告知牌

有限空间作业
培训合格

姓　　　名：＿＿＿＿＿＿＿＿＿＿

班　　　组：＿＿＿＿＿＿＿＿＿＿

有效期至：＿＿＿＿＿＿＿＿＿＿

**单位

有限空间作业培训合格标识

有限空间作业票示例

编号：

项目名称		作业班组	
作业地点		作业内容	
主要危险有害因素			
作业人员		监护人员	
作业时间	年　月　日　时　分开始，至　月　日　时　分结束		
序号	主要安全措施		核准情况
1	已开展有限空间作业安全技术交底		
2	作业人员、监护人员已确定，且培训合格		
3	有限空间通风、气体准入检测满足要求		
4	现场防护、个体防护装备、应急救援装备满足要求		
5	已编制应急预案并开展交底		
6	其他		

申请人（作业班组现场负责人）签名：　　　　　　核准人（施工单位现场管理人员）签名：

完工确认（施工单位现场管理人员）签名：

年　月　日　时　分

注：1. 作业票仅为参考，实际应用可结合具体施工情况修订。
　　2. 安全技术交底、气体检测记录等表单可作为作业票附件。

作业班组				作业日期			检测位置			
序号	检测时间	硫化氢		一氧化碳		氧气	可燃气体	其他		检测人员
		浓度 <7ppm（10mg/m³）		浓度 <25ppm（30mg/m³）		体积比 19.5% ~ 23.5%VOL	体积比 <10%LEL			

注：气体检测的记录值取垂直检测上、中、下位置或水平检测近、远端的检测最大值。

序号	检查项目		扣分标准	应得分数	扣减分数	实得分数
1	保证项目	风险辨识	1. 未辨识出有限空间，扣 10 分；未设置警示标识，扣 2 分 / 处。 2. 未建立有限空间作业管理台账，扣 5 分；未及时更新台账扣 2 分。 3. 未编制专项施工方案或所涉及的分部分项工程施工方案中未专篇制定安全技术措施的，扣 10 分 / 处。	20		
2		安全装备	1. 存在爆炸风险，未配备防爆型电气设备的，扣 5 分 / 项。 2. 配备的个体防护、通风、检测、通讯和照明等装备不满足作业需求的，扣 5 分 / 项。	10		
3		培训交底	1. 有限空间现场作业人员、监护人员、管理人员和应急救援人员等未经培训合格上岗的，扣 5 分 / 人。 2. 未按要求开展方案交底和安全技术交底，扣 2 分 / 人。	10		
4		现场管理	1. 未落实"先通风、再检测、后作业、有监护"的原则，扣 5 分 / 项。 2. 未办理作业票的，扣 5 分 / 次。申请、核准流程不规范，扣 2 分 / 次。 3. 在可能产生有毒有害气体或造成缺氧的环境作业，未全程采取机械强制通风措施的，扣 10 分 / 处。	20		
		小计		60		
5	一般项目	安全作业	1. 未每隔 30min 如实记录气体检测结果的，扣 5 分 / 项。 2. 作业人员与监护人员沟通不畅的，扣 2 分 / 处。 3. 未正确佩戴劳动防护用品的，扣 2 分 / 人。 4. 有限空间内，未使用安全电压的，扣 5 分 / 处。	15		

序号	检查项目		扣分标准	应得分数	扣减分数	实得分数
6	一般项目	监督检查	1. 作业过程中，未开展监督检查，扣 5 分 / 次。 2. 作业结束后，未落实工完场清，扣 2 分 / 处。	10		
7		应急管理	1. 未根据危险有害因素辨识结果，在施工方案中明确有限空间作业应急处置措施或制定有限空间作业事故专项应急救援预案的，扣 5 分 / 项。 2. 作业现场应急救援装备配备不足的，扣 2 分 / 项。 3. 未按要求每半年至少组织一次有限空间作业专项应急救援预案或现场处置方案演练的，扣 5 分 / 次。	15		
		小计		40		
检查项目合计				100		

有限空间应急救援装备配备选用清单

序号	设备设施类别	配置状态	配置要求
1	安全警示设施	●	（1）1 套临时围挡设施。 （2）1 个具有双向警示功能的有限空间作业安全告知牌。
2	气体检测报警仪	●	（1）有限空间外部应配置 1 台泵吸式气体检测报警仪。 （2）进入有限空间的救援人员至少有 1 人配置扩散式气体检测报警仪。
3	通风装备（含风管）	●	配置 1 台机械通风装备（含风管）。

序号	设备设施类别	配置状态	配置要求
4	备用电源	●	配置 1 台应急发电机。
5	照明灯具	●	每名应急救援人员应配置 1 台照明灯具。
6	通讯装备	●	进入有限空间的应急救援人员均应配置 1 台对讲机。
7	呼吸防护用品	●	进入有限空间的应急救援人员均应配置 1 套正压式空气呼吸器。
8	安全帽	●	每名应急救援人员应配置 1 个安全帽。
9	全身式安全带	●	每名应急救援人员应配置 1 条全身式安全带。
10	安全绳	●	每名应急救援人员应配置 1 条安全绳。
11	速差自控器	△	竖向进出有限空间的，每个出入口处应尽可能配置 1 个速差自控器。
12	三脚架（含绞盘）	▲	竖向进出有限空间的，应配置 1 套三脚架（含绞盘）。
13	水泵	▲	有限空间内存在较深积水的，应配置 1 台水泵。
14	简易平板车	△	狭长的有限空间，应尽可能配备 1 辆简易平板车。
15	充气筏	△	狭长且存在较深积水的有限空间，应尽可能配备 1 套充气筏。

注：1. 配置状态中 ● 表示应配置；▲ 表示一定条件下应配置；△ 表示一定条件下应尽可能配置。

2. 本表所列应急救援装备种类和数量是最低配置要求。

3. 发生有限空间作业事故时，作业装备满足应急救援装备要求的，可作为应急救援装备使用。

1 总则与基本规定

1.1 编制目的

1.1.1

为加强房屋市政工程有限空间作业安全管理，保障施工作业的安全，依据《中华人民共和国安全生产法》、《建设工程安全生产管理条例》等法律法规，参考《工作场所防止职业中毒卫生工程防护措施规范》、《作业场所环境气体检测报警仪器 通用技术要求》等标准规范和文件，制定本指南。

1.2 适用范围

1.2.1

本指南适用于房屋市政工程施工现场有限空间作业安全管理。

1.2.2

房屋市政工程有限空间作业的安全管理，除应执行本指南外，尚应符合国家现行有关法规和标准的规定。

1.3 术语

1.3.1 有限空间

指封闭或部分封闭，人员可以进入或探入，但进出或活动受限，通风不良，易造成有毒有害、易燃易爆物质积聚或氧气含量不足的空间。

1.3.2 有限空间作业

人员进入或探入有限空间实施的作业活动。

1.3.3 危险有害因素

可对人造成伤亡、影响人的身体健康甚至导致疾病的因素。

1.3.4 作业人员

进入有限空间内实施作业的人员。

1.3.5 监护人员

对有限空间作业进行安全监护的专职班组人员。

1.3.6 监督人员

对有限空间作业和监护的规范性进行现场监督的专职安全生产管理人员。

1.3.7 气体检测报警仪

用于检测和报警工作场所空气中氧气、可燃气和有毒有害气体浓度或含量的仪器，由探测器和报警控制器组成，当气体含量达到仪器设置的条件时可发出声光报警信号。常用的有泵吸式和扩散式气体检测报警仪。

1.4 基本规定

1.4.1

建设单位应提供有限空间作业周边环境调查及水文地质相关资料,并加强有限空间作业安全管理,每周至少组织 1 次安全生产检查。

1.4 基本规定

1.4.2

勘察单位应在工程地质勘察报告中，对地质中存在或可能存在的有毒有害、易燃易爆气体或液体及相关管道等情况予以说明和提示，建设单位及时委托专项检测。

1.4 基本规定

1.4.3

　　设计单位应系统辨识工程中可能形成有限空间的区域，优化设计方案，消除或减少人员进入有限空间作业。应在设计交底中明确有限空间结构的用途和施工安全措施。

有限空间作业辨识
和风险提示

1.本工程存在可能得有限空间作业
2.有限空间易造成有毒有害、易燃
可能会造成中毒、窒息等后果；
3.采取全部或部分预制最大限度
减少

1.4 基本规定

1.4.4

　　施工单位应对有限空间作业场景进行辨识和标识，编制施工方案，配置安全装备，开展教育培训，履行作业审批，落实"先通风、再检测、后作业、有监护"原则，组织监督检查与应急救援演练。

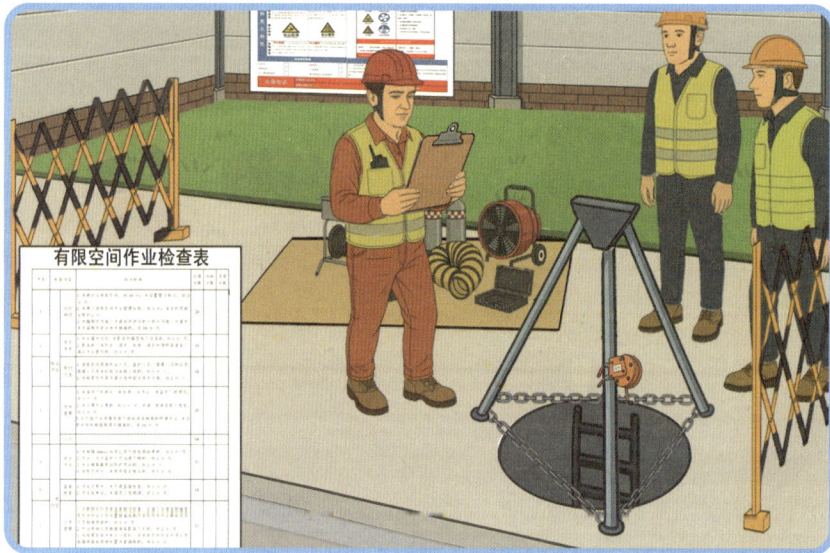

1.4 基本规定

1.4.5

　　监理单位应对有限空间作业开展巡视，及时制止违章行为，发现隐患应当要求立即整改；情节严重的，应当要求施工单位暂停施工，并及时报告建设单位。施工单位拒不整改或者不停止施工的，监理单位应当及时报告建设单位和工程所在地住房城乡建设主管部门。

1.4 基本规定

1.4.6

鼓励运用信息化和智能化等技术手段,提升安全管理水平。可采用以下措施:

1 在有限空间作业场所安装门禁、电子围栏、电子锁等设施,实现封闭式管理。 2 在有限空间作业场所安装声光报警和语音提醒装置。

3 在有限空间作业场所安装视频监控,监控作业人员和作业面。 4 在高频作业的有限空间场所安装固定式气体检测报警仪、自动通风、一键求救报警等装置。

5 运用数字孪生、VR 等前沿应用,模拟作业流程与应急救援场景,为安全生产培训与实战演练提供支持。

1.4.7

鼓励推行"机械化换人、自动化减人"策略,优先采用功能性机器人等先进技术替代人工进行有限空间作业、搜索与救援。

2 有限空间识别与方案

序号	施工类别	可能的有限空间作业场景	可能的作业活动	可能的危害因素（主要气体）	可能的事故类别
1	地基与基础工程	桩孔内	（1）人工挖孔桩作业 （2）爆破扩孔、绑扎探测管等需要人员进入桩孔的作业	（1）氧含量不足 （2）沼气（甲烷）、硫化氢等	窒息、中毒
		地下室外墙与基坑边坡形成的狭小空间（肥槽）	脚手架搭拆、模板拆除、防水、砌筑、清理作业	（1）氧含量不足 （2）硫化氢、苯类等有毒有害气体	窒息、中毒

2.1 场景判定
2.1.1 有限空间作业场景的判定，应同时满足3个物理条件和至少1个危险特征。
同时满足3个物理条件：
1 封闭或部分封闭的空间，且通风不良。
2 空间内有人员进出的需求和可能。
3 进出口或空间内活动存在限制。
至少存在1个危险特征：
1 存在或可能出现氧气含量不足。
2 存在或可能出现有毒有害气体。
3 存在或可能出现易燃易爆物质。
2.1.2 房屋市政工程可能存在的有限空间作业场景示例，参见附录1。

1 桩孔内

2 肥槽

序号	施工类别	可能的有限空间作业场景	可能的作业活动	可能的危害因素（主要气体）	可能的事故类别
2	主体结构工程	消防水池、汽车坡道下部三角区域、人防工程等通风不良的封闭半封闭空间	（1）拆模、割菌、修补、防水、清理等作业 （2）巡查、测量、检测等活动	（1）氧含量不足 （2）硫化氢等有毒有害气体	窒息、中毒
		采用盖挖逆作法施工的地下室、地下车站等	（1）结构施工作业 （2）巡查、测量、检测等活动	氧含量不足	窒息
		封闭型钢结构内	焊接、气割、金属打磨作业	（1）氧含量不足 （2）二氧化碳、氩气等惰性气体	窒息
			涂装作业、防腐作业	苯类	中毒、爆炸

2.1　场景判定
2.1.1　有限空间作业场景的判定，应同时满足3个物理条件和至少1个危险特征。
同时满足3个物理条件：
1　封闭或部分封闭的空间，且通风不良。
2　空间内有人员进出的需求和可能。
3　进出口或空间内活动存在限制。
至少存在1个危险特征：
1　存在或可能出现氧气含量不足。
2　存在或可能出现有毒有害气体。
3　存在或可能出现易燃易爆物质。
2.1.2　房屋市政工程可能存在的有限空间作业场景示例，参见附录1。

1 消防水池

2 汽车坡道下部三角区域

3 人防工程

4 采用盖挖逆作法施工的地下室、地下车站

5 封闭型钢结构内

序号	施工类别	可能的有限空间作业场景	可能的作业活动	可能的危害因素（主要气体）	可能的事故类别
3	装饰装修工程	封闭半封闭空间	（1）环氧树脂地坪、油漆等涂装作业 （2）防腐、保温作业 （3）焊接、气割等明火作业	苯类、醛类等可燃、有毒有害气体	爆炸、火灾、中毒

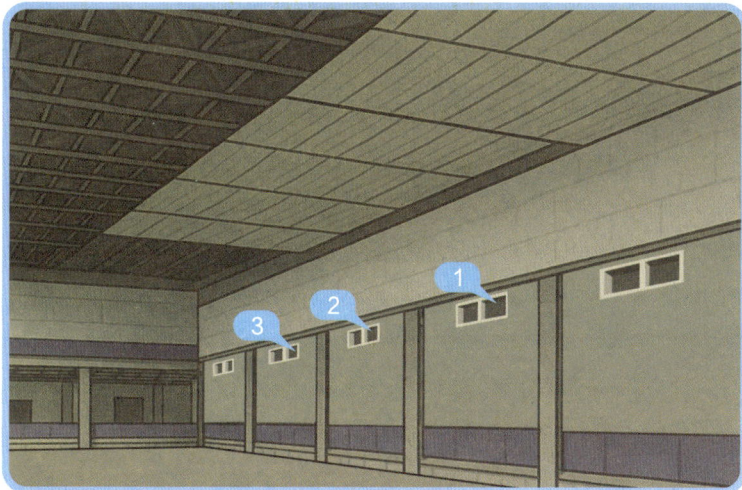

2.1 场景判定
2.1.1 有限空间作业场景的判定，应同时满足3个物理条件和至少1个危险特征。
　　同时满足3个物理条件：
　　1 封闭或部分封闭的空间，且通风不良。
　　2 空间内有人员进出的需求和可能。
　　3 进出口或空间内活动存在限制。
　　至少存在1个危险特征：
　　1 存在或可能出现氧气含量不足。
　　2 存在或可能出现有毒有害气体。
　　3 存在或可能出现易燃易爆物质。
2.1.2 房屋市政工程可能存在的有限空间作业场景示例，参见附录1。

1 涂装作业

2 保温作业

3 焊接作业

序号	施工类别	可能的有限空间作业场景	可能的作业活动	可能的危害因素（主要气体）	可能的事故类别
4	机电工程	地下电缆夹层，吊顶夹层，电缆隧道，封闭的电缆沟槽等	(1)敷设电缆、支架，管道焊接作业 (2)安装、调试、更换、维修作业 (3)清理作业	(1)氧含量不足　(2)焊接烟尘　(3)一氧化碳,氧化氮等有毒气体(电缆失火)　(4)硫化氢、甲烷	窒息、中毒、火灾、爆炸
		冷库、制冰室、泵房等	(1)防腐、保温作业　(2)明火作业 (3)清理作业	(1)苯类、醛类等可燃、有毒有害气体 (3)硫化氢、甲烷	中毒、火灾、爆炸
		管沟、电梯井、管井、烟道等	(1)管道敷设、设备安装、调试、维修作业 (2)防腐、绝热、保温作业　(3)电焊、气割作业	(1)苯类、醛类等可燃、有毒有害气体 (3)氧含量不足　(3)焊接烟尘	中毒、窒息、火灾
		(1)水箱、冷藏箱、压力容器、储罐、锅炉等密闭设备内部 (2)可进入管道、烟道、风管等空间	(1)焊接、气割、金属打磨作业 (2)涂装、防腐、保温作业 (3)设备安装、调试、维修作业	(1)氧含量不足 (2)焊接烟尘 (3)二氧化碳、氮气等惰性气体	中毒、窒息、爆炸

2.1 场景判定

2.1.1 有限空间作业场景的判定，应同时满足3个物理条件和至少1个危险特征。

同时满足3个物理条件：

1 封闭或部分封闭的空间，且通风不良。

2 空间内有人员进出的需求和可能。

3 进出口或空间内活动存在限制。

至少存在1个危险特征：

1 存在或可能出现氧气含量不足。

2 存在或可能出现有毒有害气体。

3 存在或可能出现易燃易爆物质。

2.1.2 房屋市政工程可能存在的有限空间作业场景示例，参见附录1。

1 吊顶夹层；2 地下综合管廊

3 冷库

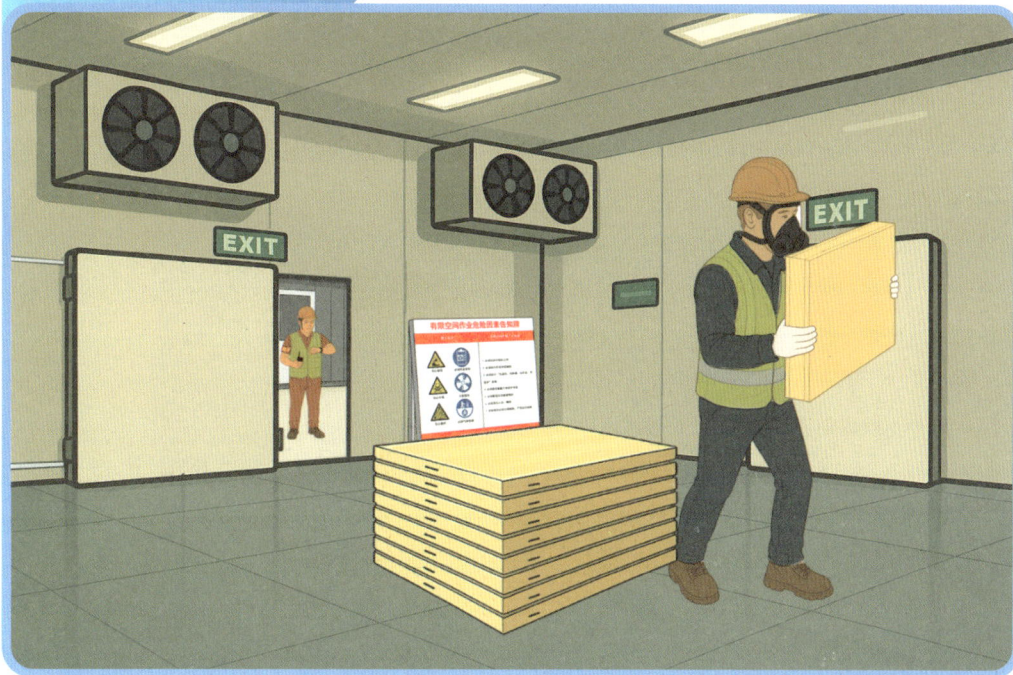

4 电梯井

5 锅炉内；6 可进人烟道

序号	施工类别	可能的有限空间作业场景	可能的作业活动	可能的危害因素（主要气体）	可能的事故类别
5	市政管网、污水处理工程	（1）管道、箱涵、井室内 （2）污水池等污水处理设施内	（1）封堵作业、清淤、清理作业、结构修复作业、防水、防腐作业 （2）与已投用污水管道、箱涵、污水池进行连通、接驳作业 （3）设备安装、调试、维修作业 （4）巡查、测量、检测活动	沼气（甲烷）、硫化氢、氨气、氧含量不足	中毒、窒息、爆炸

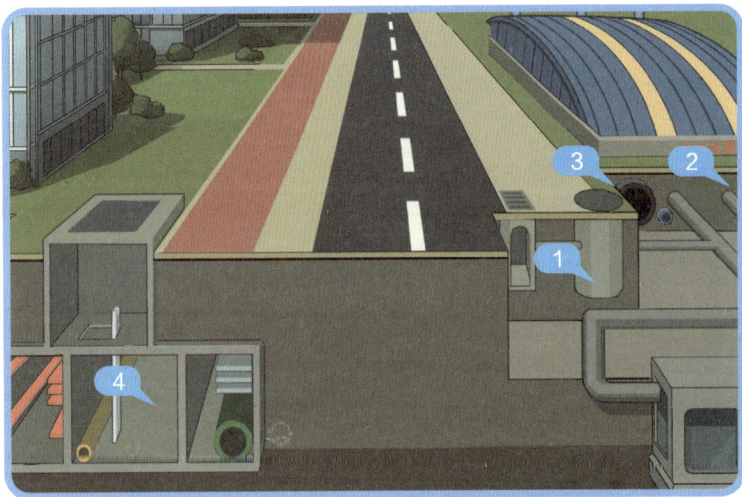

2.1　场景判定
2.1.1　有限空间作业场景的判定，应同时满足3个物理条件和至少1个危险特征。
　　同时满足3个物理条件：
　　1 封闭或部分封闭的空间，且通风不良。
　　2 空间内有人员进出的需求和可能。
　　3 进出口或空间内活动存在限制。
　　至少存在1个危险特征：
　　1 存在或可能出现氧气含量不足。
　　2 存在或可能出现有毒有害气体。
　　3 存在或可能出现易燃易爆物质。
2.1.2　房屋市政工程可能存在的有限空间作业场景示例，参见附录1。

1 清淤作业

2 接驳作业

3 维修

4 管廊内巡查、测量

序号	施工类别	可能的有限空间作业场景	可能的作业活动	可能的危害因素（主要气体）	可能的事故类别
6	地下暗挖工程	地下管道、隧道、竖井、洞室等空间内	（1）人工顶管作业 （2）进入管道、隧道、竖井内作业 （3）顶管机、盾构机开仓换刀、维修作业 （4）巡查、测量、检测等活动	（1）氧含量不足 （2）沼气（甲烷） （3）有毒有害、窒息性、易燃易爆物质（管道泄漏）	中毒、窒息、爆炸

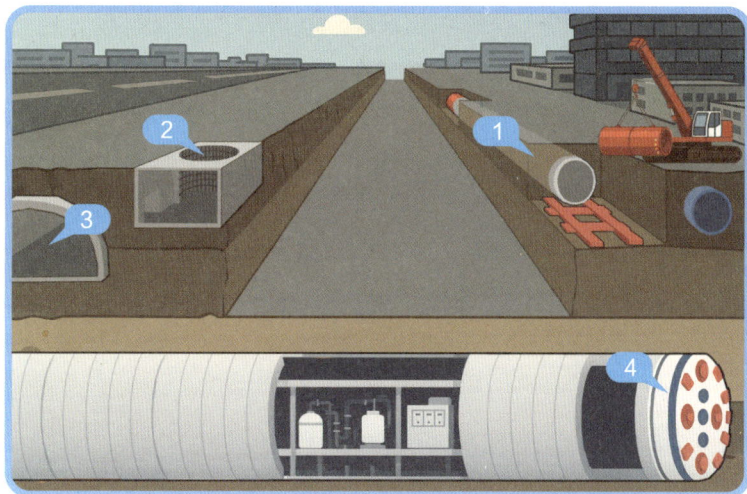

2.1 场景判定

2.1.1 有限空间作业场景的判定，应同时满足3个物理条件和至少1个危险特征。

同时满足3个物理条件：
1 封闭或部分封闭的空间，且通风不良。
2 空间内有人员进出的需求和可能。
3 进出口或空间内活动存在限制。

至少存在1个危险特征：
1 存在或可能出现氧气含量不足。
2 存在或可能出现有毒有害气体。
3 存在或可能出现易燃易爆物质。

2.1.2 房屋市政工程可能存在的有限空间作业场景示例，参见附录1。

1 人工顶管作业

2 竖井内作业

3 隧道内作业

4 盾构开仓换刀

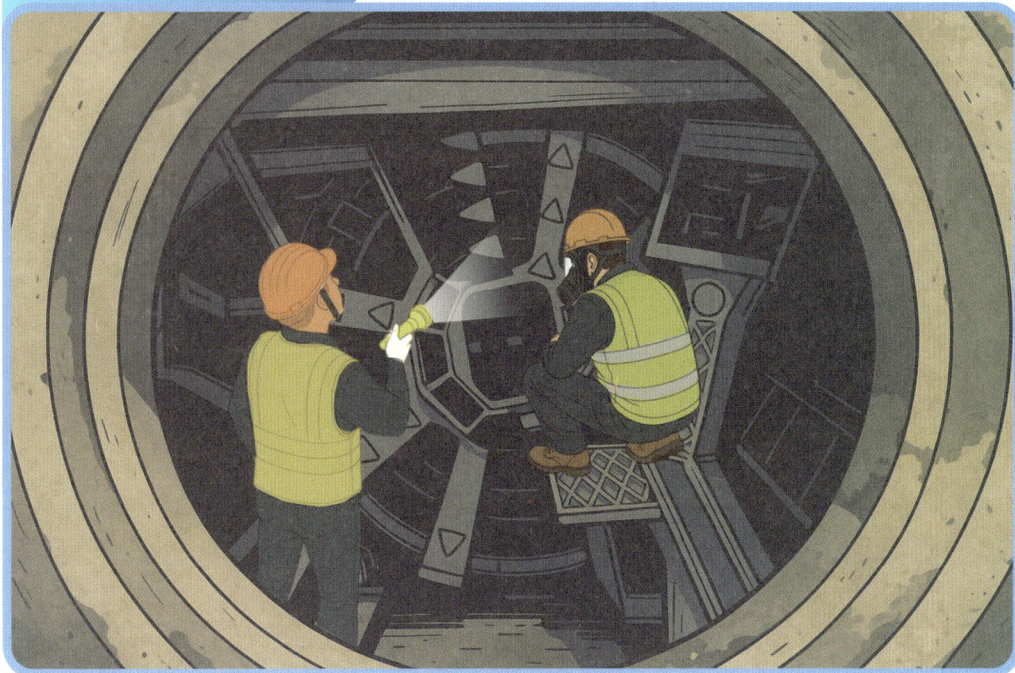

序号	施工类别	可能的有限空间作业场景	可能的作业活动	可能的危害因素（主要气体）	可能的事故类别
7	桥梁工程	箱梁箱室内	（1）拆模、剔凿、修补、清理作业 （2）巡查、测量、检测等活动	氧含量不足	窒息
			焊接、气割、金属打磨作业	氧含量不足、二氧化碳、氩气等惰性气体	窒息
			涂装作业	苯类	中毒、爆炸

2.1 场景判定
2.1.1 有限空间作业场景的判定，应同时满足3个物理条件和至少1个危险特征。
同时满足3个物理条件：
1 封闭或部分封闭的空间，且通风不良。
2 空间内有人员进出的需求和可能。
3 进出口或空间内活动存在限制。
至少存在1个危险特征：
1 存在或可能出现氧气含量不足。
2 存在或可能出现有毒有害气体。
3 存在或可能出现易燃易爆物质。
2.1.2 房屋市政工程可能存在的有限空间作业场景示例，参见附录1。

1 修补、清理等作业

2 焊接作业

3 涂装作业

序号	施工类别	可能的有限空间作业场景	可能的作业活动	可能的危害因素（主要气体）	可能的事故类别
8	配套设施	场内封闭式垃圾站	清理作业	（1）氧含量不足 （2）沼气（甲烷） （3）硫化氢等有毒有害气体	窒息、爆炸、中毒

2.1 场景判定
2.1.1 有限空间作业场景的判定，应同时满足3个物理条件和至少1个危险特征。
　同时满足3个物理条件：
　1 封闭或部分封闭的空间，且通风不良。
　2 空间内有人员进出的需求和可能。
　3 进出口或空间内活动存在限制。
　至少存在1个危险特征：
　1 存在或可能出现氧含量不足。
　2 存在或可能出现有毒有害气体。
　3 存在或可能出现易燃易爆物质。
2.1.2 房屋市政工程可能存在的有限空间作业场景示例，参见附录1。

2.2 危险有害因素辨识

2.2.1

施工单位应在开工前对有限空间作业进行危险有害因素辨识,依据包括:

1 周围环境。　　2 工程地质勘察文件。　　3 设计文件。　　4 施工工艺、作业方法、机械设备。　　5 现行国家和行业标准。

2.2 危险有害因素辨识

2.2.2

　　施工单位应辨识有限空间内部已存在，或作业导致，或受外部环境影响产生的造成窒息、中毒、爆炸的物质。

　　1 窒息。主要由通风不良、化学反应耗氧或窒息性气体造成缺氧。如动火作业、使用燃油发电机、钢材锈蚀等造成氧气消耗；存在二氧化碳、甲烷、氩气、氮气等窒息性气体排挤氧气空间。氧气含量（体积分数）应在 19.5%~23.5%，缺氧会导致头晕、失去意识，严重时可能引发窒息死亡。

2.2 危险有害因素辨识

2.2.2

　　2 中毒。主要由有毒有害气体引起。如内部残留、外部泄漏、生物发酵或化学反应产生硫化氢、一氧化碳、苯、甲苯、二甲苯、氨等。有毒有害气体可能导致呼吸困难、头痛、恶心甚至致命中毒。部分有毒有害气体的报警值,参见附录 2。

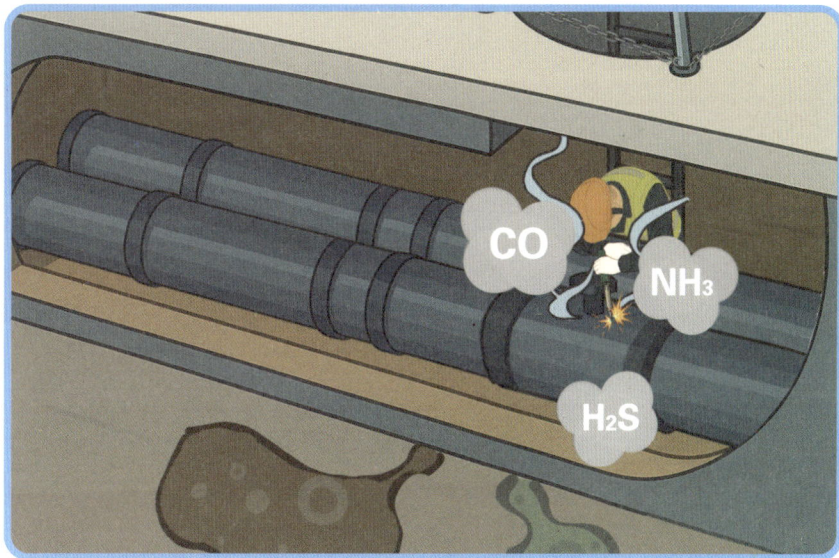

2.2 危险有害因素辨识

2.2.2

　　3 爆炸。主要由可燃气体、蒸气或粉尘引起。如甲烷、氢气、一氧化碳、氨气、溶剂汽油和易燃粉尘在特定浓度下遇到火源、静电或高温会引发爆炸。可燃气体浓度应低于爆炸下限的10%。

2.2 危险有害因素辨识

2.2.3

施工单位应辨识有限空间内火灾、淹溺、坍塌、触电、物体打击、灼烫等其他风险,并制定对应管控措施。

1 火灾。有限空间内动火可能引燃易燃材料,产生的高温、烟雾和有毒气体会迅速积聚,难以扩散,对作业人员构成极大威胁,可能导致中毒和窒息事故。

2.2危险有害因素辨识

2.2.3

2 淹溺。强降雨、渗漏水等情况引发有限空间内水位快速上涨，可能导致作业人员淹溺；或作业空间内部存在积水、淤泥，作业人员因窒息或中毒后晕倒在水中导致淹溺。

2.2 危险有害因素辨识

2.2.3

3 坍塌。有限空间内的土壤、岩石或结构可能因长期受力、侵蚀或外部环境影响而变得不稳定，或有限空间围护结构本身存在缺陷，导致坍塌，人员因行动受限无法规避和逃离而导致伤亡。

2.2 危险有害因素辨识

2.2.3

4 触电。老化或破损的线路、未绝缘的电气设备、潮湿环境、金属导电的有限空间场景等因素可能导致触电。

2.2 危险有害因素辨识

2.2.3

5 物体打击。有限空间内若存在交叉作业,可能由于工器具坠落或弹出,而导致物体打击伤害。

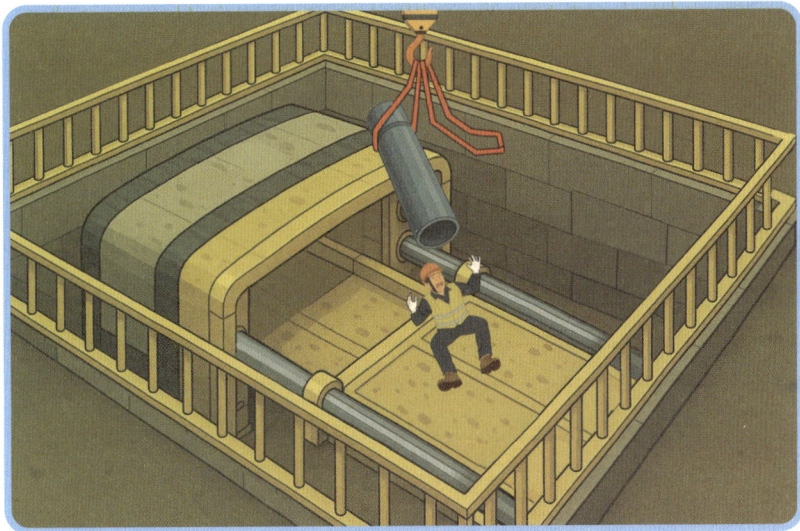

2.2 危险有害因素辨识

2.2.3

6 灼烫。有限空间内动火，以及作业期间可能存在燃烧体、高温物体、化学品（强酸、强碱等腐蚀性物质）、强光等因素，造成作业人员烧伤、烫伤和灼伤。

2.2 危险有害因素辨识

2.2.4

施工单位应根据辨识情况,建立有限空间作业管理台账。台账应包含作业部位、作业内容、主要危险有害因素、施工计划和作业班组等基本情况,并根据施工情况及时更新。台账参考样式见附录3。

2.2 危险有害因素辨识

2.2.5

有限空间作业存在以下情况的,应重新辨识危险有害因素,并同步更新有限空间作业管理台账:

1 作业部位发生较大变化的。

2 施工工艺、材料、设施设备等发生变化的。

3 水位、通风、气温等作业环境发生较大变化的。

顶管遇障碍需要调整位置,岩石较多更换掘进机具,作业环境变化较大,重新辨识危险有害因素!

2.3 警示标识

2.3.1

施工单位应对辨识出的有限空间作业场所进行有效防护,在醒目处设置有限空间警示标识,在有限空间作业出入口设置危险有害因素告知牌。告知牌参考样式见附录 4。

2.3.2

施工单位应定期巡检有限空间作业场所,及时维护防护设施和警示标识。

及时维护防护设施和警示标识

2.4 施工方案

2.4.1

施工单位应在有限空间识别后，及时编制有限空间作业专项施工方案或在所涉及的分部分项工程施工方案中专篇制定有限空间作业安全技术措施。主要内容应包括：

1 有限空间作业概况。　　　2 施工计划与施工工艺。　　　3 个体防护、通风、检测、通讯和照明等装备型号和配备数量。

4 作业人员、监护人员、监督人员及应急救援人员配备和职责。　　　5 应急救援装备的配备和使用方法、应急处置措施。

2.4 施工方案

2.4.2

有限空间作业实施前,项目技术负责人或方案编制人员,应向施工单位现场管理人员进行方案交底。施工单位现场管理人员应向作业人员、监护人员进行安全技术交底。交底人与被交底人应签字确认,作业人员更换时,应重新组织相应交底。

有限空间作业
安全技术交底

日期：XX年XX月XX日

3 安全装备

3.1 通用要求

3.1.1
施工单位应配备满足有限空间作业需求的个体防护、通风、检测、通讯和照明等装备,质量符合相应的国家标准或行业标准。

3.1.2
有限空间存在爆炸风险的,应配备符合 GB/T 3836.1 规定的防爆型电气设备。

3.1.3
施工单位应做好安全装备的维护、保养、检定和更换等工作。

3.2 个体防护装备

3.2.1

应按照 GB 39800.1 等规范要求,为作业人员配置头部、手部、足部、呼吸防护用具及防护服装等个体防护装备,并满足以下要求:

1 易燃易爆环境,应配置防静电服、防静电手套、防静电鞋。　　　　2 涉水作业环境,应配置防水服、防水胶鞋。

3 可能接触化学品和颗粒物的场所,应配置化学防护服和呼吸器。

3.2.2

作业人员应穿戴符合 GB 20653 规定的高可视警示服,佩戴符合 GB 6095 规定的全身式安全带和符合 GB 2811 规定的安全帽。

3.2.3

作业人员进入有限空间,应根据作业环境,佩戴符合 GB 24543 规定的安全绳,安全绳应固定在有限空间外可靠的挂点上,挂点装置应符合 GB 30862 的规定。

3.2 个体防护装备

3.2.4

应按照 GB/T 18664 的规定选择呼吸防护用品,并满足以下要求:

1 经通风,气体检测结果合格,且作业过程中氧气和有毒有害气体、蒸气浓度值保持稳定的,作业人员宜携带符合 GB 38451 规定的自给开路式压缩空气逃生呼吸器,或携带符合 GB 24502 规定的煤矿用自救器作为个人逃生装备。

2 经通风,气体检测结果合格,但作业过程中可能发生氧含量异常变化,或有毒有害气体、蒸气浓度值突然上升的,作业人员应佩戴符合 GB 6220 规定的连续供气式长管呼吸器。

3 经通风,气体检测结果仍不合格的,不得进入有限空间内作业。确需作业的,作业人员必须佩戴隔绝式正压呼吸防护用品。

3.2 个体防护装备

3.2.5

作业人员佩戴连续供气式长管呼吸器进入有限空间作业的,应配置备用空气压缩机或备用电源,专职监护人员应看护送气设备,防范气管挤压、破损、脱落、气压异常,保障气体输送通畅。

备用电源

3.2 个体防护装备

3.2.6

不宜使用自吸过滤式防毒面具。确需使用的,应符合 GB 2890 规定,并满足以下条件:

1 有限空间内氧气浓度满足要求。

2 防毒面具过滤件类型适配有限空间内的有毒有害气体,且过滤性能、防护时间满足要求。

3 有限空间内有毒有害气体浓度可能达到的最大值不高于 GBZ 2.1 职业接触限值的 10 倍。

3.3 通风装备

3.3.1
有限空间内进行局部通风，宜采用压入式通风方式。通风装备应配置风管，风管长度应能确保新鲜空气送入有限空间作业区域。

3.3.2
通风装备的换气量应满足稀释有毒有害气体需要量，新风量应不低于每人 30m³/h，换气次数应不少于 12 次 /h。

3.3 通风装备

3.3.3

通风装备应安装在有限空间外侧,风管应顺直避免急弯,外部漏风率不得超过 5%。

3.3.4

以下有限空间状况,应按照 GBZ/T 194 的有关规定对通风措施进行计算和复核。

1 通风管的送排风口距离作业面的垂直深度超过 10m 或水平长度超过 20m,只有一个洞口,不能形成有效通风通道的。

2 可能突然产生大量有毒有害物质或存在持续的有毒有害气体逸出,发生事故风险较大的。

3 有限空间环境限制,造成作业范围内风量损失较大的。

深度和长度超标,需对风量进行计算和复核

3.4 检测装备

3.4.1

　　气体检测报警仪应符合 GB 12358 的规定，施工现场选择和配备应满足以下要求，至少能检测硫化氢、一氧化碳、可燃气体和氧气。选用参考标准见表1。

　　1作业人员需经常进入的有限空间场所，应设置固定式气体检测报警仪，鼓励安装具备物联网功能的气体检测报警仪，实现有毒有害气体远程监测。

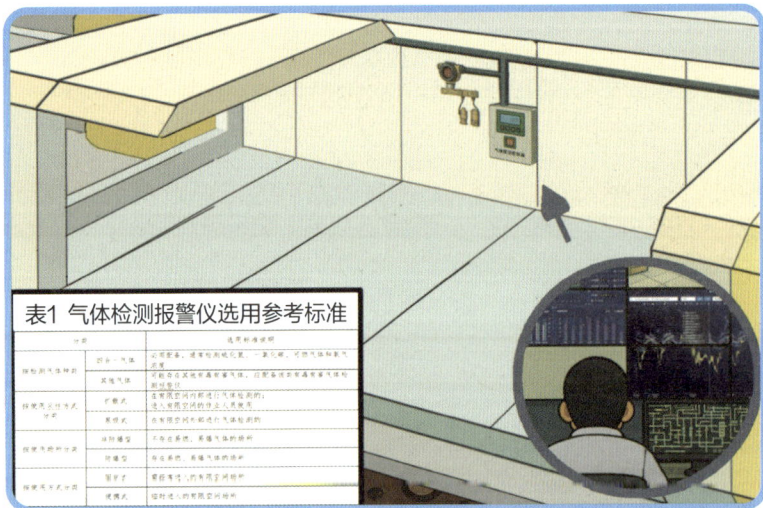

表1 气体检测报警仪选用参考标准

3.4 检测装备

3.4.1

2 在有限空间外部进行气体检测的,宜使用泵吸式气体检测报警仪。

3 作业人员进入有限空间作业时,必须佩戴扩散式气体检测报警仪。

3.4.2

气体检测报警仪对常见气体的检测原理、响应时间、最大量程、检测精度和报警值等应满足工作要求,基本参数见表2。

3.4.3

泵吸式气体检测报警仪应具备气路故障报警功能,采气管长度一般不宜超过 15m,在最大采气距离和流量条件下,通过采气管的采气时间不应大于 30s。

表2 气体检测报警仪基本参数

3.4 检测装备

3.4.4

气体检测报警仪应有清晰、耐久的产品标志和相关合格证。包括产品名称、产品型号、产品主要技术参数（适用气体种类、测量范围、检出下限、报警设定值、工作温度范围等）、制造日期、使用年限、计量器具型式批准证书标志（CPA）和编号、产品校准合格证等。有防爆需求的，气体检测报警仪还应具备防爆标志和编号、防爆合格证。

3.4.5

气体检测报警仪发生碰撞、进水等异常情况，可能造成仪器测量不精确时，应对仪器进行通气检测，检测合格后方可使用。

3.4.6

气体检测报警仪的校准周期应不大于 1 年（使用说明书有要求的按其要求），定期检验周期应不超过 3 年。

3.5 其他作业装备

3.5.1

作业人员和监护人应配备对讲机等通讯装备，便于现场沟通。若通讯信号被屏蔽而无法使用无线通讯方式的，应根据实际情况和作业特点，采取其他有效的通讯方案，保障作业人员和监护人实时沟通。

3.5.2

有限空间内应选用由安全隔离变压器供电的Ⅲ类手持电动工具，其开关箱和安全隔离变压器均应设置在有限空间之外便于操作的地方。开关箱中剩余电流动作保护器的额定剩余动作电流不应大于 30mA，额定剩余电流动作时间不应大于 0.1s。潮湿或有腐蚀介质场所的剩余电流动作保护器应采用防溅型产品，其额定剩余动作电流不应大于 15mA，额定剩余电流动作时间不应大于 0.1s。

3.5.3

有限空间内使用的照明灯具额定电压不应超过 36V。进入金属结构有限空间作业时，照明灯具额定电压不应超过 24V。在积水、结露等潮湿环境的有限空间作业时，照明灯具额定电压不应超过 12V。

4 现场安全管理要求

4.1 作业原则; 4.2 教育培训

4.1.1

有限空间作业应严格遵守"先通风、再检测、后作业、有监护"的原则。

4.2.1

施工单位应将有限空间安全知识纳入房屋市政工程人员入场通识教育,内容涵盖有限空间常见场景、事故风险、作业原则、严禁盲目施救等基本安全要求。

4.2.2

存在有限空间作业的,施工单位应建立培训制度,涵盖有限空间作业培训对象、培训计划、培训内容、培训档案管理等内容。

4.2.3

存在有限空间作业的,施工单位应对有限空间现场作业人员、监护人员、管理人员和应急救援人员等进行有限空间作业专项培训。

4.2.4

有限空间作业专项培训应采取岗前培训和定期轮训相结合。

1 相关人员在上岗前必须经过有限空间作业专项培训并考核合格。

2 持续开展有限空间作业的,每季度应开展轮训并考核合格。

3 在施工条件发生较大变化或采用新技术、新工艺、新设备、新材料时,必须重新开展培训并考核合格。

4.2 教育培训

4.2.5

有限空间作业专项培训内容应包括：

1 有限空间作业事故案例。　　　　2 有限空间作业安全相关法规和标准。

3 有限空间作业安全操作规程。　　4 有限空间作业场景及其危险有害因素和安全防范措施。

5 个体防护、通风、检测、通讯、照明和应急救援装备的正确使用方法。　　　6 应急处置措施。

4.2 教育培训

4.2.6
施工单位应向有限空间作业专项培训考核合格的人员，发放可视化标识。作业人员和监护人员持标识上岗，标识应在定期轮训时更新。标识参考样式见附录5。

4.2.7
施工单位应如实记录有限空间作业专项培训参加人员、培训时间、考核结果等情况，并保存至工程竣工。

4.3 作业审批

4.3.1

有限空间作业必须执行作业前审批制度，施工单位签发作业票，作业班组方可开展有限空间作业。

4.3.2

有限空间作业票应包括有限空间作业基本信息（作业班组、地点、人员、时间等），核查信息（人员培训、通风、检测、应急等），签字审批（申请、审批、完工确认）。作业票参考样式见附录6。

4.3.3

有限空间作业票应由作业班组现场负责人申请，由施工单位现场管理人员核准确认。作业票一式两份，作业班组持票现场公示，施工单位持票保存一年。

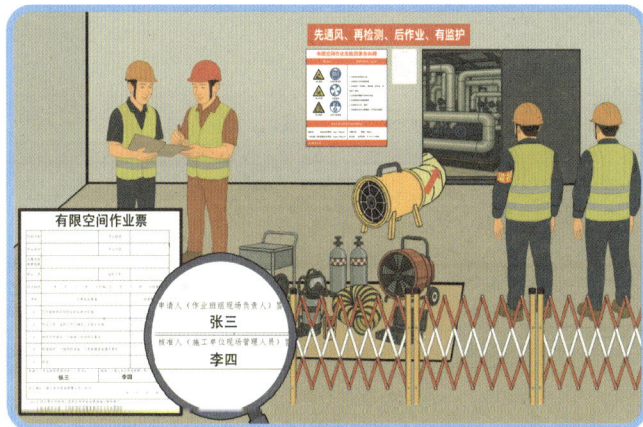

4.3 作业审批

4.3.4

有限空间场景内存在动火作业等其他危险作业的,应同时办理相应作业审批。

动火作业票

作业班组	
作业内容	

有限空间作业票

作业班组	
作业内容	

4.3 作业审批

4.3.5

有限空间作业票有效时间为当班作业结束时间,且最长不得超过 12h。当发生下列情形之一时,应重新办理作业票:

1 超出作业审批时间。　　　　　2 作业部位变化或作业范围扩大。

3 作业人员与监护人员发生变化。　4 作业内容或施工工艺发生变化。

5 作业环境条件发生较大变化。

4.3 作业审批

4.3.6

当次作业结束后,施工单位现场管理人员应在作业票上进行完工确认签字。

4.4 隔离、清理与加固

4.4.1

作业前,应对有限空间内、外部环境进行评估,对周边存在危害的物质,应采取隔离、清理与加固等措施,施工单位签发作业票时应进行措施核查。

4.4 隔离、清理与加固

4.4.2

存在易燃易爆、有毒有害物质的环境,应与作业地点和作业面隔离,要求如下:

1 与有限空间连通的可能危及安全作业的管道,可采用充气橡胶气囊、砌筑封堵墙、关闭阀门、插入盲板或拆除一段管道等方式进行隔离。长期作业时不应采用水封或关闭阀门代替盲板隔断措施。

2 与有限空间连通的可能危及安全作业的孔、洞等应进行严密的封堵。

3 有限空间内的用电设备应停止运行并有效切断电源,在电源开关处上锁并加挂警示标识。

4 减少和隔离有限空间内部及周边的可燃物堆积。非动火作业,严禁作业人员携带明火或易燃物品进入有限空间。

4.4 隔离、清理与加固

4.4.3

　　管渠封堵前应调查水流状况、上游水流来源及管网分布情况、作业井空间尺寸情况、工作段的水流量高峰和低谷时间等信息，并与产权单位、管理单位协商，确定隔离封堵方案。

4.4.4

　　管渠封堵应先封堵上游，再封堵下游。拆除封堵时，则应遵循先拆低水位差的封堵，再拆高水位差的封堵。

4.4 隔离、清理与加固

4.4.5

采用充气橡胶气囊封堵管道时，应满足下列要求：

1 选用的气囊及配件应具有出厂合格证或出厂材质合格检验报告。作业前对气囊进行外观检查和气密性检测，清理管道内壁毛刺和尖锐物体，充气压力不得超过气囊的允许工作压力。

2 使用期间气囊压力表应连接到有限空间外部，并有专人全程监测，发现低于产品技术说明的气压时应及时补气。当气压骤降时，应立即停止作业，撤离工作人员，查明原因检查气囊漏气情况。

3 拆除气囊前应做好防滑动支撑措施。拆除时应缓慢放气，并在下游安放拦截设备。放气时，人员不得在井内停留。

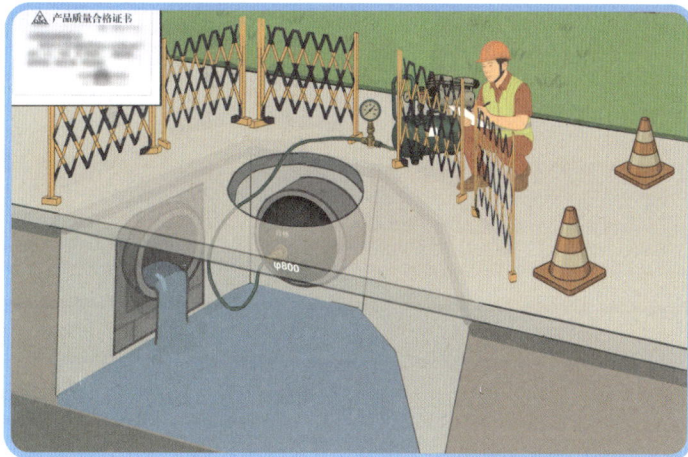

4.4 隔离、清理与加固

4.4.6

采用砌筑墙体封堵管渠时，应满足下列要求：

1 管渠内砌筑墙体封堵涉及水下作业的，应编制专项施工方案。在方案中明确砌筑封堵的尺寸和施工工艺并进行受力验算。

2 砌筑封堵施工时，应确保材料质量合格，砌筑高度、宽度、垂直度和斜撑形式应满足方案要求。在流水的管渠中封堵时，宜在墙体中预留孔洞或导流短管维持流水，待墙体达到使用强度后再行封堵。

3 拆除砌筑封堵前，应先拆除预留孔洞或导流短管的封堵，放水降低上游水位，放水过程中人员不得在井内停留。待墙体两侧水位平衡后方可正式拆除。

4.4 隔离、清理与加固

4.4.7

作业前应清理出入口和有限空间内的杂物,保持通道和作业活动畅通。有限空间内水位大于 0.3m 时,应进行抽水作业,存在淤泥的,应进行清淤作业。

4.4.8

作业前对可能存在坍塌风险的有限空间,采取加固措施,验收合格后再作业。

4.4.9

进行隔离、抽水、清淤、加固等作业,确需进入有限空间内部时,应按照有限空间作业流程开展。

已采取加固措施,验收合格

4.5 通风

4.5.1
作业前,必须采取通风措施,且保持空气流通 30min 以上。

4.5.2
采用自然通风时,应充分利用上下游井口、人孔等孔洞,促进空气流动。

4.5.3
对存在人员坠落风险的井口、洞口,作业时可使用透气式格栅盖板进行通风。

4.5.4
有限空间作业存在以下情形之一的,应全程采取机械强制通风措施:
1 作业场景只有 1 个出入口,自然通风条件差的。
2 采用自然通风后气体检测仍不合格,或经施工扰动气体浓度、成分可能变化的。
3 实施清淤、涂装、防腐、防水、动火等作业,可能产生有毒有害气体或造成缺氧的。

一个出入口　　气体检测不合格　　动火作业

4.5 通风

4.5.5

采用机械强制通风时,应满足以下要求:

1 作业环境存在爆炸危险的,应使用防爆型通风装备。

2 应保证有限空间内全程通风,且通风换气量满足 3.3.2 要求。

3 通风装备应处在有限空间外的上风侧送风,下风侧排风。送风不得使用纯氧,排风口应设置在空气流通的地方,且不得布置在人员经常停留或通行的地点。

4 作业场景仅有 1 个出入口时,应将通风管口置于作业区域进行送风,可同步设置排风装备加强通风效果。

5 作业场景有 2 个及以上出入口、通风口时,应按照"近送远排"的通风要求,在邻近作业人员处进行送风,远离作业人员处进行排风。

6 可设置导流板,调整送风方向,防止出现通风死角。

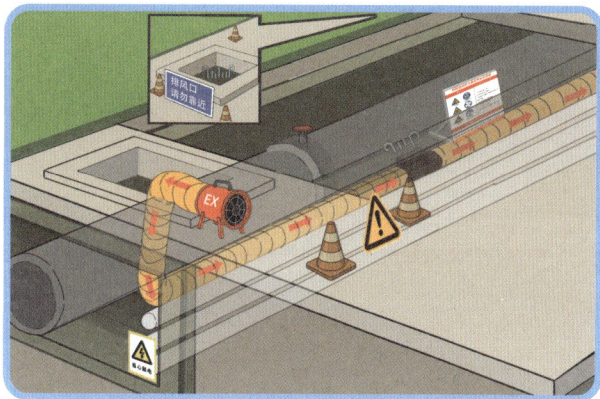

4.6 检测

4.6.1
初次使用气体检测报警仪前,应按照气体浓度判定限值设置报警参数,并测试声、光以及振动报警系统,常见气体的检测报警值设置,参见 3.4.2 表 2。

4.6.2
气体检测报警仪在使用前,外观检查合格后,在洁净空气下开机,确认"零点"正常后再进行检测;若数据异常,应更换仪器。

4.6.3
气体检测报警仪检测时停留时间,应大于仪器响应时间,一般不小于 60s。

4.6.4
气体检测包含准入检测和过程检测,分别指进入有限空间作业前和作业过程中,对有限空间内的气体成分和浓度进行的检测活动。

4.6.5
准入检测和过程检测应优先使用泵吸式气体检测报警仪,可能存在爆炸风险的有限空间应采取防爆措施。

4.6 检测

4.6.6

准入检测时,检测人员应在有限空间外的上风侧。有限空间内存在未清除的积水、积泥或物料残渣时,检测前,应充分搅动,使有毒有害气体充分释放。

4.6.7

准入检测应从出入口开始,按照人员进入有限空间的方向进行。垂直方向由上至下,水平方向由近至远。检测点的确定应满足以下要求:

1 垂直方向检测的,设置检测点数量不应少于 3 个,上、下检测点距离有限空间顶部和底部均不应超过 1m,中间检测点均匀分布,检测点之间的距离不应超过 8m。竖向距离不足 2m 的,应设置上、下 2 个点进行检测。

2 水平方向检测的,设置检测点数量不应少于 2 个,近端点距离有限空间出入口不应小于 0.5m,远端点距离有限空间出入口不应小于 2m。横向距离不足 2m 的,远端点应选取最远处进行检测。

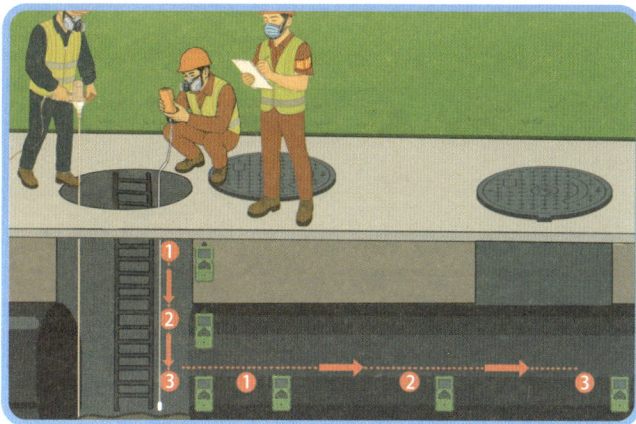

4.6 检测

4.6.8

有限空间作业过程中应全程进行气体检测：

1 作业人员应携带扩散式气体检测报警仪，并全程开启。

2 有限空间场所设有固定气体检测装备的，应全程开启。

3 监护人员应每隔 30min 如实记录一次过程检测结果。记录内容应包括检测位置、检测时间、检测气体种类和浓度等信息，参考样式见附录7。

4.6.9

有限空间内气体浓度接近或超过报警值的，应立即加强通风，加大检测频次。

4.6.10

有限空间内气体环境复杂，施工单位不具备检测能力时，应委托具有相应检测能力的单位进行检测。

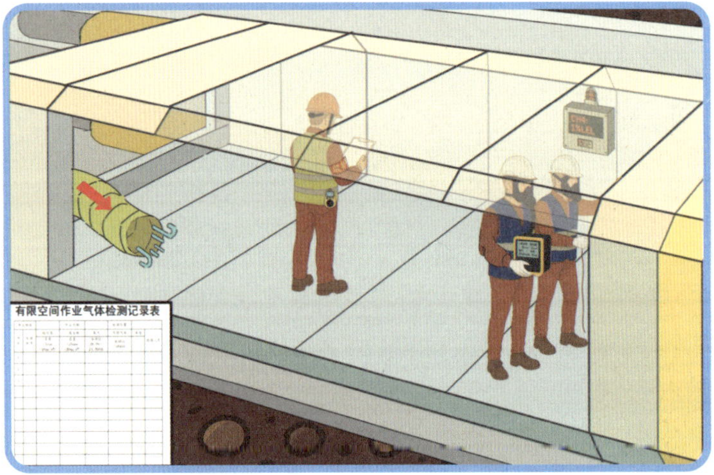

4.7 作业

4.7.1
　　开启出入口时，作业人员应处于有限空间外的上风侧，使用专用工具，严禁徒手开启。可能存在爆炸风险的有限空间，应提前采取气体置换、消除静电等防爆措施。

4.7.2
　　进、出有限空间前，应检查爬梯、踏步、安全梯等牢固性和安全性。

4.7.3
　　有限空间内作业人员不宜超过 2 人。如有超过 2 人的作业需求，应在施工方案中明确，同时加强通风、照明、防护等安全技术措施。

4.7.4
　　作业人员进入有限空间，应正确佩戴劳动防护用品，不得随意脱卸，正确使用通讯装置，作业过程与监护人员保持沟通。

4.7 作业

4.7.5
有限空间作业应避免交叉作业,确需交叉作业的,应做好防护措施。

4.7.6
有限空间作业人员持续作业时间不宜超过 2h,应通过轮换作业等方式,避免人员长时间在有限空间内工作。

4.7.7
作业中断时间超过 30min,再次进入有限空间前,应当重新进行通风和检测,并确认合格后方可进入。

4.7 作业

4.7.8

有限空间作业期间发生下列情况之一时,作业人员应立即撤离有限空间:

1 作业人员感到身体不适。 2 呼吸防护用品失效。

3 气体检测报警仪报警,或通风、检测、照明、通讯等装备失效。 4 监护人员或监督人员下达撤离命令。

5 其他可能危及作业人员生命安全的情况。

4.8 监护；4.9 监管

4.8.1
作业班组应在有限空间外，配备专职监护人员，不得擅离职守。

4.8.2
监护人员可通过佩戴铭牌、袖标、服装标识等可视化方式表明专职身份。

4.8.3
监护人员的主要职责：
1 防止未经允许的人员进入作业区域。
2 观察天气和周围环境变化，保障通风效果、掌握气体检测数据、明确联络方式并与作业人员保持有效信息沟通。
3 监督作业人员全程佩戴个体防护装备。
4 作业结束后，清点人员、物资。
5 出现异常时，立即发出撤离命令，并协助撤离，制止盲目施救行为，及时向施工单位报告。

4.9.1
施工单位应指定监督人员，对有限空间作业和监护的规范性进行监督管理。

4.9.2
监督人员的主要职责：
1 核查现场作业条件、作业票、作业人员与监护人员培训合格标识。
2 核查通风、检测、个体防护装备穿戴与应急救援装备配置情况。
3 对不符合安全作业条件的，严禁进入有限空间作业。
4 作业结束后检查是否有人员逗留，有限空间场所是否恢复或防护到位。
5 作业场所和过程发现异常，发出撤离警报，协助撤离，制止盲目施救行为，并按程序上报。

4.9.3
施工单位可根据有限空间场景和作业的实际情况制定检查表，开展日常管理。检查表参考样式见附录8。

4.10 结束

4.10.1
作业结束后,作业人员应将工器具等作业装备全部带离有限空间场所。

4.10.2
监护人员应清点人数、工器具、物料,确认有限空间内无人员,无设备、工器具、剩余物料遗留后,关闭出入口。

4.10.3
解除本次作业前采取的隔离等措施,恢复现场环境或防护措施。

5 应急管理

5.1 应急救援装备

5.1.1

施工单位应在有限空间作业现场便于取用的显著位置配置有限空间应急救援装备，并做好标识和使用说明，不得随意挪作他用。宜采用应急物资柜、物资车等方式配置应急救援装备。

5.1.2

应急救援装备包括正压式空气呼吸器、安全绳、全身式安全带、救援三脚架、速差自控器、应急照明、通讯装备、大功率通风装备、备用电源等。装备选用清单见附录9。

5.1 应急救援装备

5.1.3

正压式空气呼吸器，应符合 GB/T 16556 的相关要求。呼吸器气瓶每 3 年检验 1 次，检验合格后方可使用。应定期检查呼吸器气瓶、面罩气密性情况和报警器完好情况。

5.1 应急救援装备

5.1.4

自吸过滤式防毒面具、自给开路式压缩空气逃生呼吸器、煤矿用自救器等逃生型呼吸防护用品不应作为有限空间应急救援装备。

5.1 应急救援装备

5.1.5

有限空间内存在腐蚀性化学品的,应配备化学防护服；有限空间内存在积水或可能产生积水的,应配备防水鞋、防水服。

5.1 应急救援装备

5.1.6

有限空间为暗涵、暗渠等狭长空间时，宜配备简易平板车作为转移受困人员的运输工具。有限空间内积水较深时，宜配备充气筏进行受困人员转移。

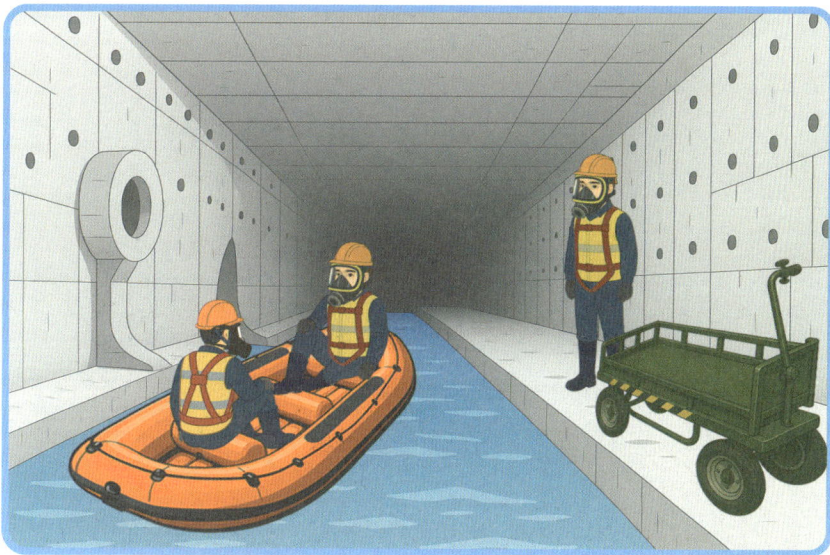

5.1 应急救援装备

5.1.7

应急救援装备的使用人员，应接受相应的培训，熟悉装备的用途、技术性能及有关使用说明，并遵守操作规程。

5.2 应急预案与演练

5.2.1
施工单位应根据危险有害因素辨识结果,制定有限空间作业事故专项应急预案或在施工方案中明确有限空间作业事故应急处置措施。

5.2.2
有限空间作业事故专项应急预案应明确应急组织机构和人员职责,应急响应流程,应急救援,处置措施和应急保障。

5.2.3
施工单位每半年至少组织 1 次有限空间作业事故专项应急预案演练或现场处置方案演练。演练结束后应对演练效果进行评估。

5.2.4
鼓励施工单位成立专职应急救援队伍,或与邻近的外部应急力量建立联动机制。

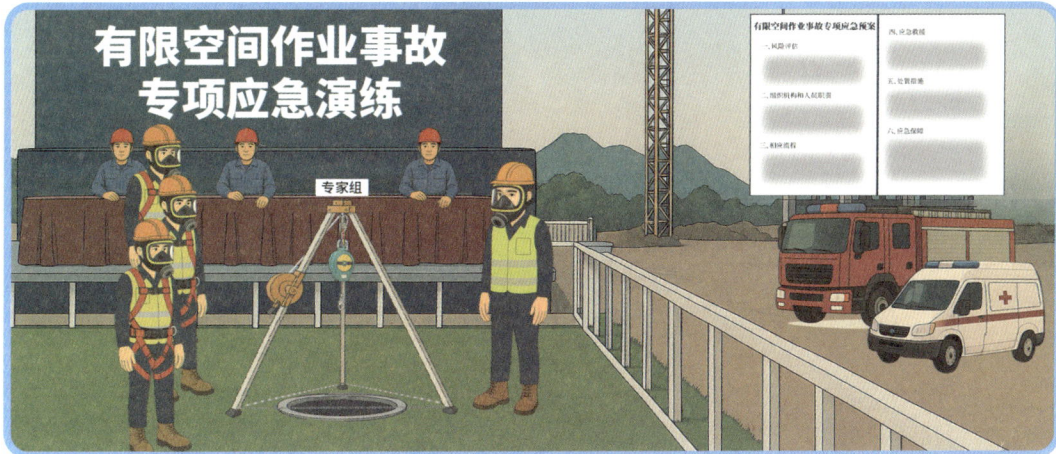

5.3 应急响应与救援

5.3.1

有限空间作业发生异常情况,应立即停止作业,第一时间启动应急预案。应急响应应按照"立即报告,审慎评估,科学施救"的要求开展,严禁盲目施救。

5.3.2

发生异常情况,现场监护人员应第一时间采取措施加大有限空间内的通风量,监护人员或监督人员应立即向施工单位项目负责人报告。发生事故的,施工单位项目负责人接到报告后应当于 1 小时内向事故发生地县级以上人民政府安全生产监督管理部门和负有安全生产监督管理职责的有关部门报告。

5.3 应急响应与救援

5.3.3

实施救援前，施工单位应充分评估有限空间内有毒有害气体含量、积水深度、人员被困位置和被困人员个体防护装备佩戴等信息，制定合理的救援路径和救援措施。应优先选择协助受困人员自救，其次选择非进入式救援，均无法实施时应在保障救援人员安全的情况下选择进入式救援。

5.3 应急响应与救援

5.3.4

协助受困人员自救,应符合以下条件:

1 受困人员携带了自给开路式压缩空气逃生呼吸器或煤矿用自救器。

2 受困人员意识清醒,且具备行动能力。

5.3 应急响应与救援

5.3.5

实施非进入式救援,应符合以下条件:

1 受困人员佩戴了全身式安全带,且通过安全绳与有限空间外挂点可靠连接。

2 救援通道无阻碍,无较深积水等。

3 救援人员在有限空间外部通过安全绳能够将受困人员转移出有限空间。

5.3 应急响应与救援

5.3.6

实施进入式救援,应符合以下条件:

1 经评估,不存在爆炸、坍塌等次生风险。

2 应急救援装备配备齐全,且救援人员能够熟练使用。

3 有限空间外部有专人协助、指挥。

5.3 应急响应与救援

5.3.7

实施进入式救援时,救援人员应与外部保持通信畅通,及时关注气瓶压力变化情况,当压力表低于(5.5±0.5)MPa或报警器报警时,应立即撤离。救援时长超过30min的,应组织人员轮换救援。

5.3 应急响应与救援

5.3.8

受困人员脱离有限空间后,应立即转移至通风良好处实施院前急救,对呼吸、心脏骤停者,立即进行心肺复苏。

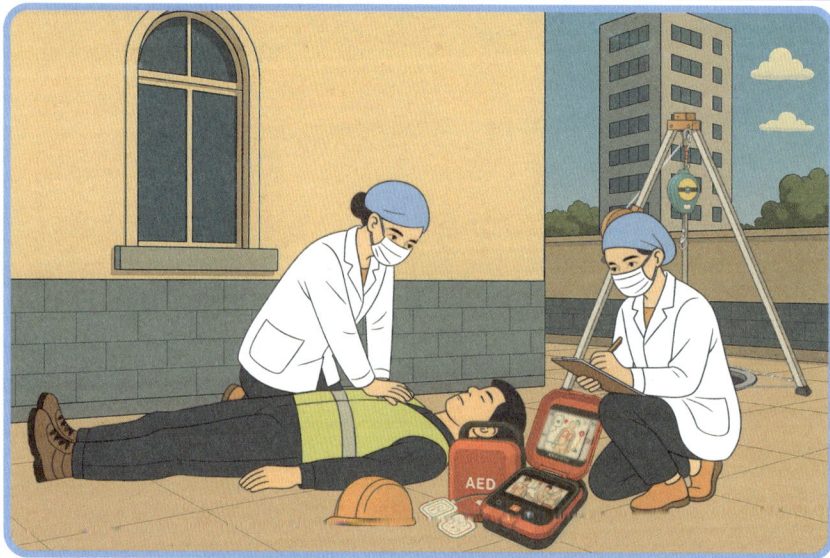

5.3 应急响应与救援

5.3.9

救援结束后,清点人员、装备,清理现场残留的有毒有害物质,保护事故现场。